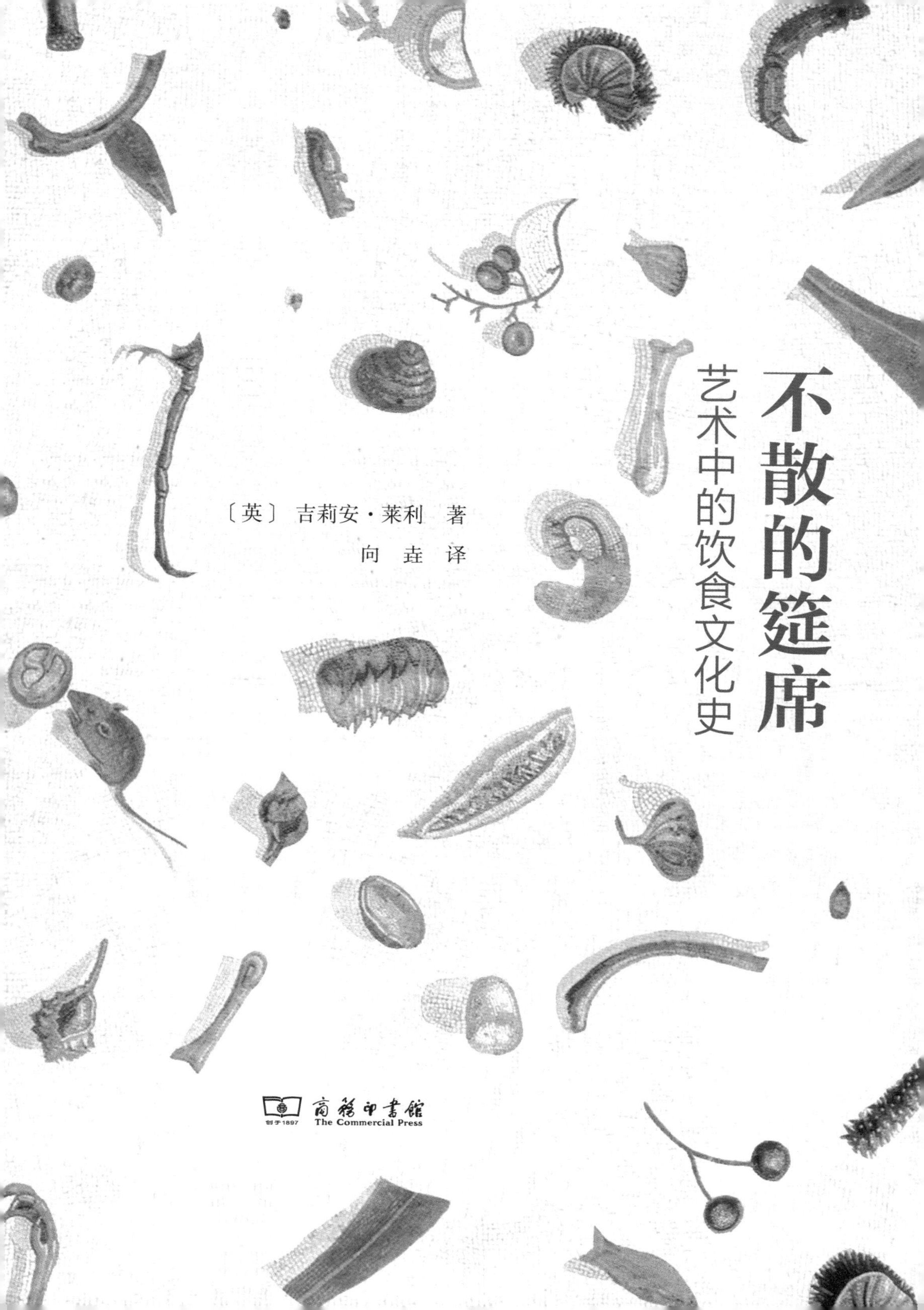
不散的筵席
艺术中的饮食文化史
〔英〕吉莉安·莱利 著
向 垚 译
商务印书馆
创于1897
The Commercial Press

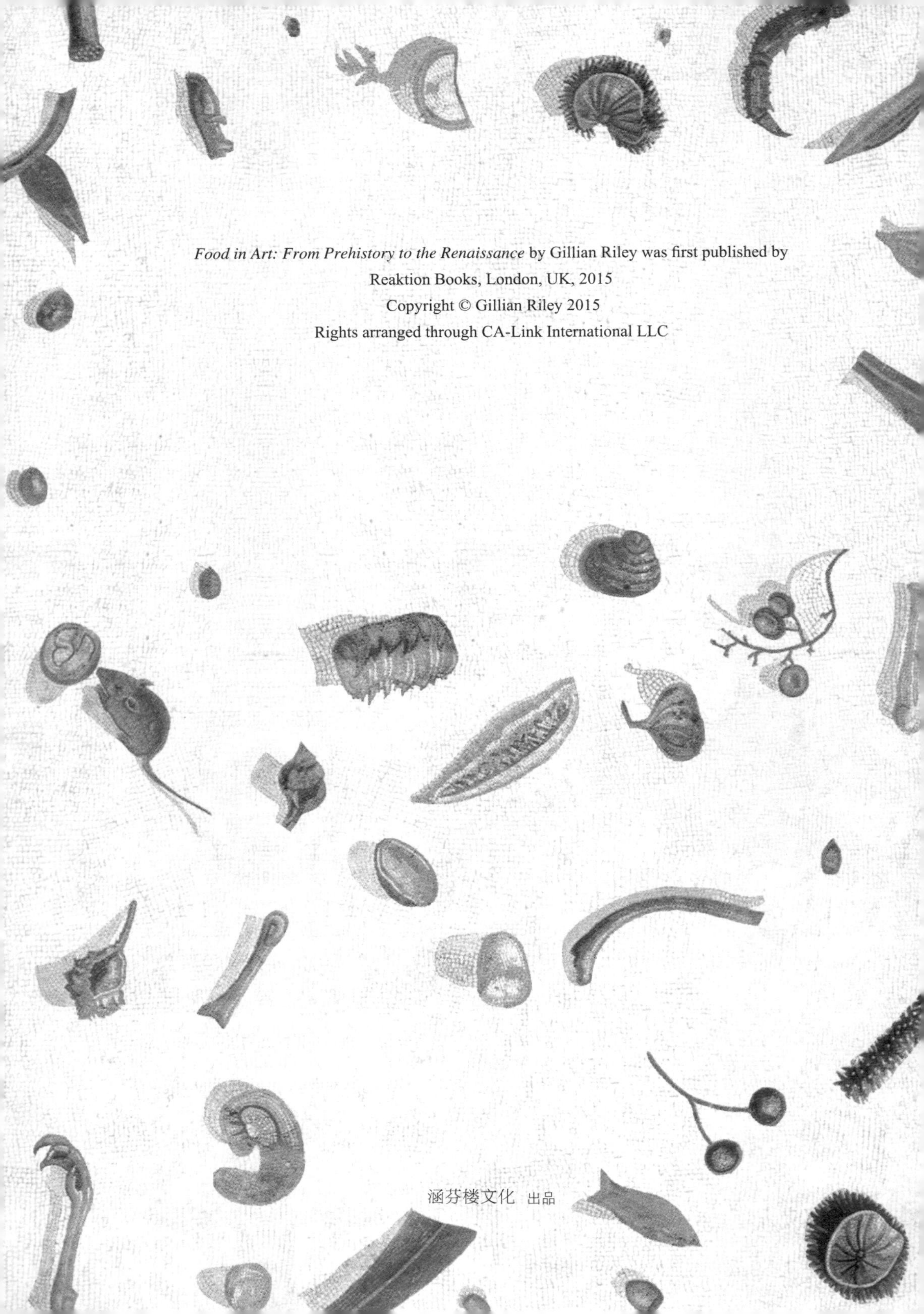

Food in Art: From Prehistory to the Renaissance by Gillian Riley was first published by
Reaktion Books, London, UK, 2015

涵芬楼文化 出品

目 录

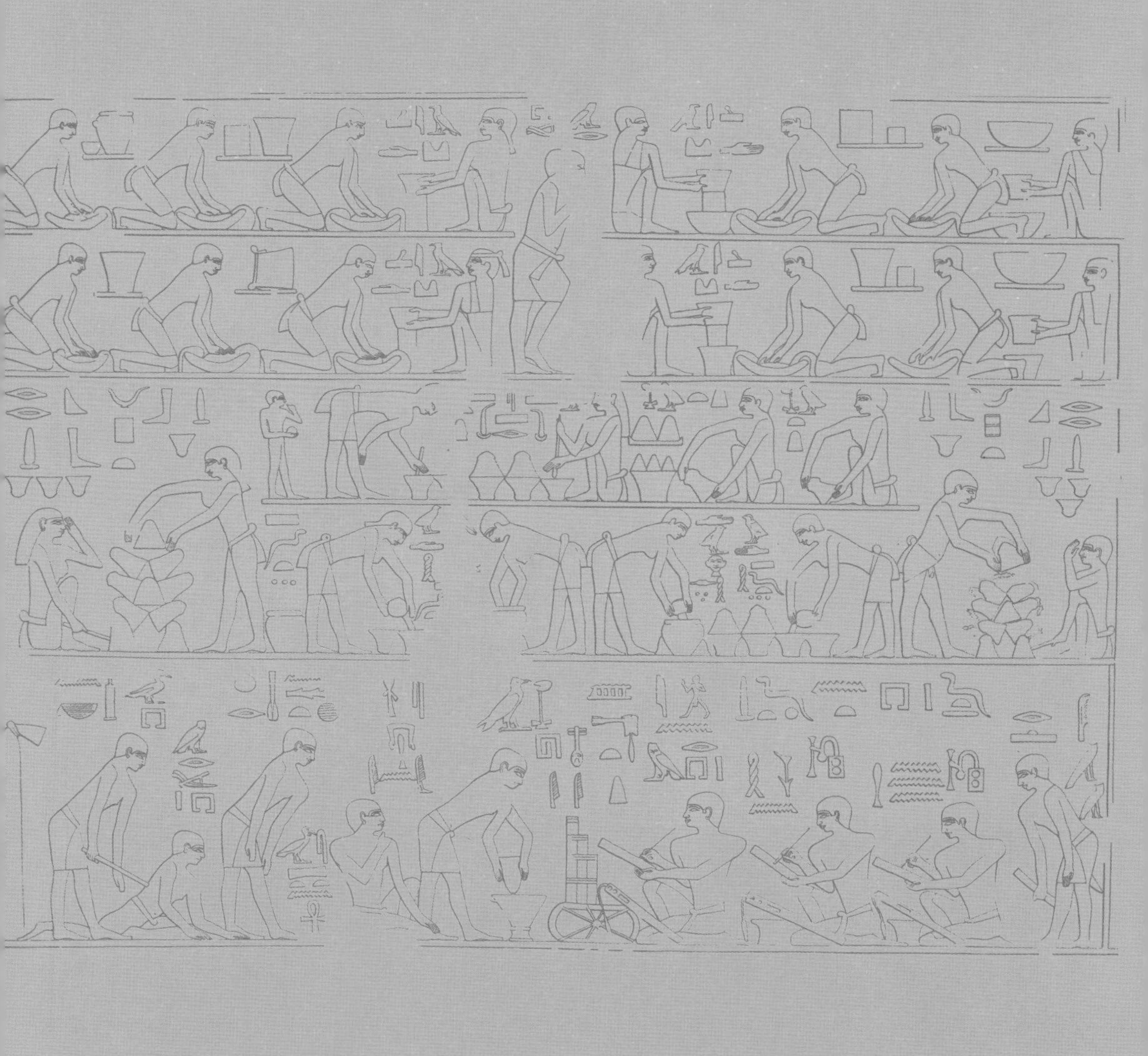

《一对年老的夫妇》，格奥尔格·弗莱格尔和卢卡斯·范·瓦尔肯伯奇，1580年，布面油画。

序

烹饪的艺术彰显在食谱书和家庭账目本中、在菜单和购物清单中、在考古学家的发现里、在厨房和餐厅的建筑结构里，以及文学里关于菜肴的描绘之中。但是也许，关于我们吃的什么、怎么吃的最鲜活诱人的例子，正隐藏在纯艺术和实用艺术作品中，等待我们去发现。有些作品似乎直白地描绘着菜肴或原料的美妙，而在有些作品中，它们仿佛作为不经意的信息，出现在某个圣经故事或者神话场景的背景当中。解密这些信息并试图理解它们，是个令人兴奋的挑战。早期文艺复兴之后的绘画可以作为丰富的解密资源，但在那之前的时期，我们就不得不在考古发掘出的泥金手抄本、壁画、雕塑、墓碑、陶瓷以及家居用品中寻找依据。

本书试图用这些从文明起源到文艺复兴晚期的资料和绘画将烹饪学连接起来。书中提供了关于食物储备与市场的视觉信息，其中，我们可以瞥见植物、水果、蔬菜、鱼、飞禽、肉类是如何来到家用厨房的。另外一些图像展示了在各类厨房里，厨师是如何准备食物、宴会与斋戒的，以及富人与穷人在正式场合和普通场合是怎么享受美食美酒的乐趣的。

一系列的插图和相关信息是过硬的历史依据。不过有些历史时期有着充分的事实和图像依据，而有些则很稀缺。因此《艺术中的食物》并不像许多叙述烹饪历史的书籍那样拥有流畅完整的资料。然而，我们用相关的史料和图像拼接成了一张视觉信息图。其中的图像帮助我们理解文字，而文字资料则帮助阐述图像的意义，它们相互补充、相辅相成。1460年，大师马蒂诺[1]在罗马曾写到以油煎

1 Martino de Rossi（或Martino de Rubeis，也被称为Maestro Martino或Martino of Como），一位15世纪意大利烹饪专家，当时在他的领域无人与之匹敌，被誉为西方世界第一名厨。（本书注释均为译者所加，除个别已特别注明）

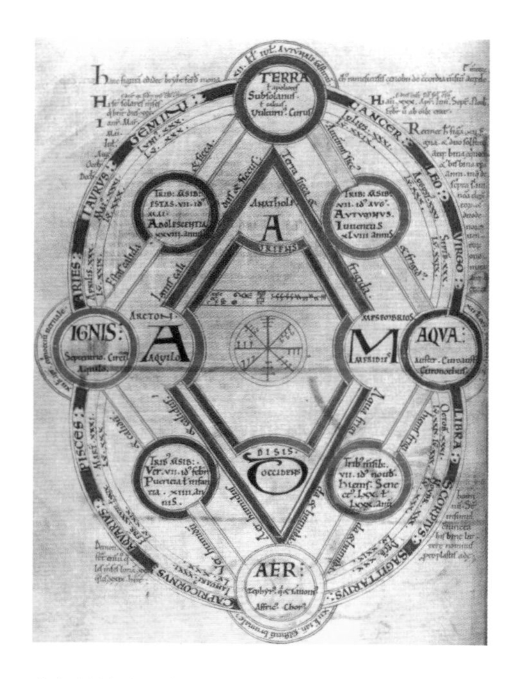

宾根的希德嘉的“四种体液”图示。

腌猪肥肉开始烹饪一道菜，而早在一个世纪前的泥金健康手册《健康全书》[1]中也详细记载了屠夫是如何将猪的脂肪切下以备烹饪。《健康全书》中的另一幅插图描绘了一位妇女登上梯子从阁楼上取下一桶醋的情景。也许你会觉得这个存放醋的位置很古怪，而事实上，和惊为天人的香脂醋类似，顶级的“aceto balsamico tradizionale di Modena”需要在屋檐下沉淀数年，在不同质地的木桶里慢慢成熟。将希德嘉[2]称为倡导纯天然食品的先驱也许并不准确，但她的确在著作中将身心的平衡形容为“绿色”，还有书中那些同样引人注目、抽象的“曼荼罗”[3]插图。当时的医学论著将会帮助我们理解希德嘉的这些图画。她的图表向我们阐述了“四种体液”背后抽象的思维以及具体的实际建议，两者均直接有关于饮食和烹饪。

我们收集到的关于食材和烹饪的视觉和文字信息并不总是完全吻合的。从文字记载中可以了解到，用丰盛的菜肴宴请宾客在某段历史中是人们生活密不可分的一部分，但保留下来的视觉依据却所剩无几。例如，我们无法找到任何遗留下来的描绘北欧文学中记载的臭名昭著的维京筵席的图像。那些忠诚、背叛，粗鲁

1 Tacuinum Sanitatis，是一部欧洲中世纪健康手册，根据11世纪巴格达医生Ibn Butlan的著作《保持健康》编写而成。

2 Hildegard of Bingen，又被称为Saint Hildegard，莱茵河的女先知等，中世纪德国神学家、作曲家及作家，同时担任女修道院院长。

3 佛教用语，本义为“圆形”，引申为修行的场所，在佛教艺术中属于“变相”的一种，象征着宇宙，被赋予各种深奥的意义。

的醉态、肆意的殷勤，常常以宏大的杀戮和破坏而告终。《冰岛人萨迦》的故事讲述了些许农庄里看天吃饭的田园生活（捕鱼、务农、放牧、织布以及冶金），或是那些用以维持海上冒险和殖民的谨慎的商业活动。但大段篇幅是在记录他们冗长的家族史。除了号角杯，几乎很难找到和食物相关的物件。考古学告诉我们农庄的架构和组织，却丝毫不见烹饪和食物的痕迹。我们需要找到与这些提及的物品相关的信息，于是我们各地搜寻艺术品，从中找到食材、厨房、宴席以及简餐的痕迹。

有些标志性的动物，例如公牛，可能是力量和权力的象征，但同样也会让我们联想到它作为役用动物的功能性，以及它们最终被做成慢炖牛肉成为人类盘中佳肴的命运。就像艾达·博尼编写的传统意大利食谱中的罗马炖牛尾，或者是慢炖的Garofolato，其做法是将牛的胫骨放在红酒和香料（尤其是丁香）中炖煮数小时。

有一些描述或食谱的摘要能够阐明一个时代或某个主题。例如在文艺复兴早期，大师马蒂诺的“酸汁鸡肉”，一道像马萨乔的壁画般简约的经典菜肴：将大块鸡肉加入切好的小块培根翻炒，而后放在酸果汁（压榨未成熟的去籽葡萄）中炖煮，最后撒上切碎的新鲜香料，完成。又或者是在17世纪的“天使之城”普埃布拉，修女胡安娜·伊内斯调制的巧克力辣酱：她饱含深意地将墨西哥本土食材（辣椒和巧克力），与来自西班牙征服者的香料和坚果相结合。也许最微妙的食谱在路易斯·德·梅伦德斯的静物画里：你能够在一个典型的18世纪马德里家庭主妇的食谱上找到他画中精选的所有东西。

有些重要的食谱，像是杏仁牛奶布丁，或是“白盘”这样的高级料理，很难在描绘宴席的画作中找到。但这非凡而纯粹的“白盘”的盛名却在餐桌上的白色亚麻织物和耀眼的银质器皿上得到呼应：将煮熟的鸡胸肉放入研钵中，和杏仁末一起捣碎，再用调过味的清澈鸡肉汤汁将其稀释。不知为何称为亚麻籽油的酱汁同样难以在画作中见到。但从许多食谱中可以发现，棕红色的肉桂皮和其他一些昂贵的香料必然会使它有种不常见的带有异国风味的驼色。

厨房与厨师在理想描述和现实中形成了鲜明的对比：理想中高大挺拔的女

保罗·委罗内塞作品中有一个拿着牙签的女孩，《迦拿的婚宴》(1562—1563年)，油画。

厨神和现实中脾气暴躁的男厨师。不过仍有许多烹饪手册将理想的厨师或主厨描绘成那些智力和精神都超乎常人，并拥有几乎超人类的高超技艺的形象。

制作食物的辛劳和享受食物的乐趣常常被描绘在艺术作品之中。我们可以看到从混乱的厨房场景到优雅的盛宴，从美妙的花园到满载着新鲜蔬果的货架。食物历史学家能从中获取许多他们需要的信息，就算图像无法提供，也可以在手写或出版的文稿中得到。

从劳动者狼吞虎咽地吃着的集体公社菜肴，到一次等级严格的狩猎野餐，从皇室宴会，再到平民的家庭聚餐，我们可以在不同餐宴的描绘中看到，寻找食材以及准备食物的辛劳通常可以在享受食物的乐趣中得到补偿。

在早些时候，烹饪的乐趣是颇具原始意味的，品尝食物的感受和食物的质感常常与祭祀礼仪联系在一起。“给神烤肉！烤肉！”祭司在美索不达米亚最雄伟的神殿里高喊着。在那里，朝圣者向神明献上了他们眼中的美味。我们无法在古典希腊绘画中为祭祀的食材找到视觉依据，文学记载中的公牛米诺斯是崇拜的对象而非食物。在诗句和神话中，狩猎英雄们烧烤的牛或羊是令人难忘的美味，但我们仍难以为这些早期的食物找到图像信息。考古学家和人类学家告诉我们宴席和狩猎，以及祭祀贡品在社会学和政治学中的重要性。有时、偶尔，我们会找到一些图像依据，但寻找史前信息还是十分艰难。我们只能说岩画中的那些动物应该是人类狩猎的食物。

除了食物和食材，我们也找到一些布置餐桌、摆盘、上菜惯例和礼仪的细节。圣经故事和书中的历史事件常常配有充满生活细节的插图，并且小心地在图中设下充满意味的符号，例如面包和红酒，以及从高脚酒杯到浅口威尼斯玻璃杯的日常用品。佩德罗妮拉的针织桌布，荷兰静物画中的土耳其地毯，以及皱起的亚麻餐巾和银质或玻璃的高脚杯，都是那个时代日常生活的构成，等待着我们去发现。

在本书第285页，一幅描绘维罗纳人宴会的画作中，一个面带忧愁的男人正在用一支双齿的叉子一丝不苟地剔除着齿间粘上的残留物，就好像这是它原本的用途。在这漫长而豪华的一餐之后，叉子成了宾客的牙签。研究食物器皿的学生也为本书补充了文字素材以及鲜活的令人信服的图像资料。

本书并不打算重复众多精彩的食物插图历史书中的任何一本，而是试图在庞大的关于烹饪和食物的资源中，将精选的文字和视觉素材汇集起来，提供给食物和艺术爱好者们。

肖维岩洞壁上的动物，法国南部，公元前30000年。

第一章 石器时代饮食一瞥

早期艺术也许是在告诉我们食物的重要性。我们尝试解读洞穴壁画、小型雕塑、刻在工具上的图腾，正是在试图发现当时人类吃的什么以及他们是如何搜寻和准备食物的。

洞穴艺术——食品储藏室还是万神殿？

早期人类狩猎、聚会和进食留下的痕迹很少。我们无从得知旧石器时代那个在洞穴中画下动物和符号的艺术家的信息。通过部分颜料的碳素鉴定，我们可以判断出作画的年代，推断出作画的技法，也可以轻易地辨认出画作的主题。但我们无法确定的是，他们制作出如此惊人的艺术品的目的，或者用途。这些图像的确证明了某些物种的存在，也透露出人类面对它们的态度。作品中饱含了各种主题：灵魂得以抚慰或被崇拜，食物需要捕捉并被享用，室内装饰，还有被旺盛的荷尔蒙困扰的年轻男性的涂鸦。是食品储藏室还是万神殿？是动物寓言集还是漫画？艺术家是用什么样的技法和技术去绘制的，仍然是个谜。而他们能够在石壁上以寥寥数笔，或是用些许颜料的堆砌就精准地刻画出动物的外形和神态简直堪称奇迹。练就出这样纯熟的技法必定是旧石器时代人类在将近两万年的时间里不断学习和打磨的结果。洞穴艺术就在这个庞大的时间轴中，在富有智慧和天赋的旧石器时代人类代代相传的技术和信仰之中诞生了。

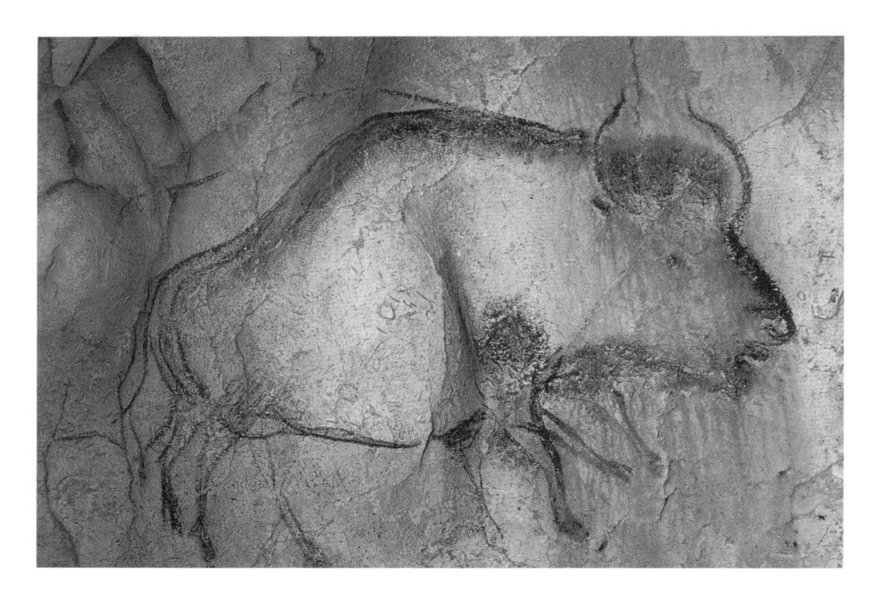

肖维洞穴的野牛，公元前30000年。

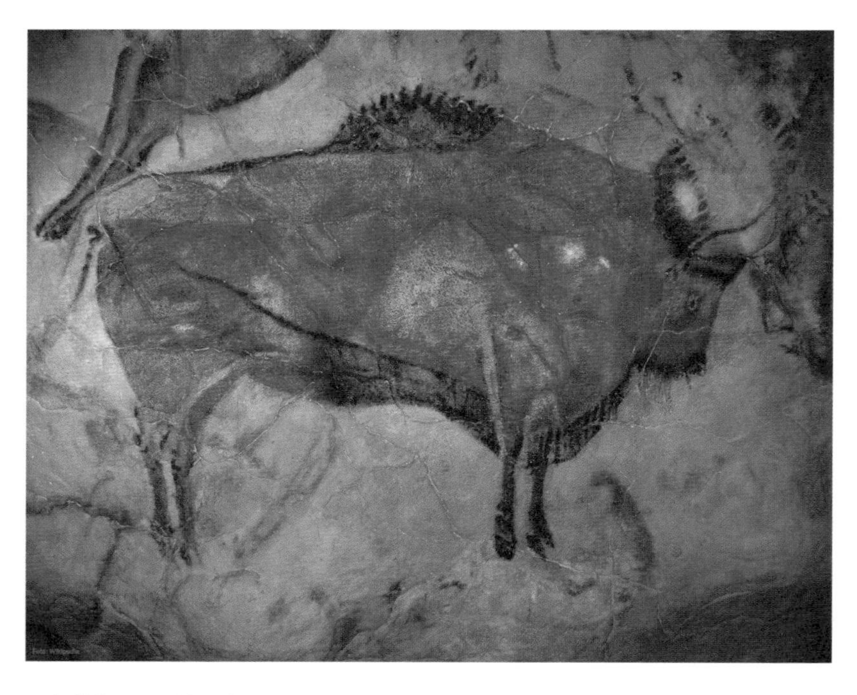

阿尔塔米拉洞穴的野牛，西班牙坎塔布里亚山，公元前20000—前14000年。

这是一个动物统治地球的时代，它们是个庞大的群体，相比之下人类实在是微不足道的生物。人们为了食物和皮毛而狩猎，却也敬畏于动物的力量、体型、繁殖力与美。人类热爱甚至崇拜它们。猎人近距离地观察它们，学习辨认它们的足迹，研究它们何时、如何去捕猎食物。他的一生跟随着它们的动向，他的生存依赖着对它们习性的深刻理解。洞穴，特别是在比利牛斯山两侧悬崖上的洞穴，那并不是理想的栖息之地，却是创作艺术并将其完好保存下来的好地方。垂悬的洞穴壁为人类搭建了一个避难所，保护他们免于遭受动物的侵袭。同时，在悬崖顶端也便于观察动物或敌人们的动向。洞穴中那些非比寻常的空间、走道和隧道深处都绘制了动物图案。墙壁和洞穴顶上那些凸起的曲线可以用来描绘脊背和肚子，石壁上的断层纹理则被用来勾勒线条或作为分割线。这些远古的艺术家召唤出岩石自身的生命力，利用其技巧和天赋将之释放，就像米开朗琪罗的雕塑一般浑然天成。

可食用的艺术？

冰川时代幸存下来的工艺品很难定义：一个雕刻过的骨头可能是一件被使用的工具，也有可能是装饰品，或是某种崇拜对象。一匹马的下颌骨上雕刻着的马的图腾，可能只是用于装饰的纹理，也可能是某种力量、精神和智慧的象征，用以启示和引导使用者。一只在鹿角上绘制的公牛梳理侧身毛发的画面十分美丽且优雅，与那些因生育的痛苦而形象扭曲的小雕像，以及描绘蓬头垢面的孕妇的吊坠相比，似乎倾注了艺术家更多的喜爱。这些小雕塑也许意在庆祝生命的诞生和重生，抑或是对于要填满太多张嘴的责任而感到恐惧，我们只能猜测。

对于这些富有天分的艺术家是如何生活和思考的，我们一无所知，也不知道是什么样的社会机制使他们的创作得以产生和延续。“深度历史”拥护者认为，冰川时代可能还没有出现“现代思维”，但这并不能阻挡艺术的神秘魅力。

洞穴艺术中的动物并不全是可以食用的，也鲜少出现已经死亡或是被肢解的动物。不像常常出现的狩猎情景，其中并没有任何关于烹饪的画作。对此我们需要多领域学科研究的帮助。格雷戈里·柯蒂斯表示，考古学家在洞穴里面以及周围找到了一些人类活动的痕迹，例如准备或储存食物。而这些“烹饪的例子”、这些食用动物的骨头和残骸，也许能为我们照亮食物与艺术之间的联系。但根据一份统计学方法得出的调查报告显示，那些被吃掉的动物和洞穴艺术中出现的动物，或者洞穴附近发现的手工艺品之间并没有直接联系。这些手工艺品时常伴有动物图案的修饰，不过作为一种通常成为人类食物的动物，驯鹿却很少作为装饰被描绘。有一种观点认为这是因为驯鹿固定的迁移轨迹使得它们容易被捕捉，它们不太灵光的脑袋，让人类觉得自己并不需要借助神的帮助就能轻易将它们擒获。它们可以肆意地在草地上大口咀嚼着享用战果，就像从树枝上扯下成熟的果子一样容易。一幅在拉斯科洞穴中描绘的驯鹿高昂着头游过河流的画面也向我们透露出一些它们的习性。

是猎人的魔法还是政治手段？

原牛和野牛都是家养牲畜的祖先，同样曾被圈养的还有驯鹿、马以及野猪，这些都是被人类食用的动物。从洞穴中的画作来看，它们有些被人类猎捕，有些作为人类的坐骑，有些在对垒，还有的在被食肉的野生猫科动物袭击。它们大多以平静的静态姿势出现在没有任何背景的画作中。不同族群的动物或许代表着某段传奇或故事，它们本应该在夹杂着难懂的符号和图形的故事插图中得以解读。但这些故事只有艺术家知道，我们已经无从考证。这些动物也可能是某种权力和王室的象征，但同样，我们遗失了所有相关的信息。

早期关于洞穴艺术的理论是建立在历史学家步日耶渊博的学识和洞察之上的，并成了公认的事实。他坚信，艺术是一种魔法，能在人类狩猎时给予超自然的帮助。这一说法被广泛接受。在19世纪40年代，拉斯科壁画被发现半个世纪后，历史学家开始寻求新的解释。在洞穴中他们感到敬畏与惊讶，凹凸不平的洞穴壁

上，神圣的动物涂鸦在闪烁的灯火和变幻的视角下显得扑朔迷离。一种来自灵魂深处的强烈情绪阻碍了他们理性的分析。

拉斯科洞穴壁画上，被矛刺伤的奶牛，多尔多涅，法国，公元前15000年。

这些近代历史学家利用电子图像以及严格的统计学方法，致力于研究这些艺术品是何时以及如何被创作出的，而不是它们的创作原因。安德烈·勒儒瓦-高汉等历史学家根据整个洞穴壁画中的数据进行了一项动物族群的合理性调查，比如它们的分布位置，它们的姿势与行为，它们是以怎样的色彩描绘在洞穴壁上，以及伴随着的符号与图形，以此来推测艺术家潜在的意图。他们曾在许多不同地点都试图给移动中的动物族群划分出一个固定的等级，并观察在族群边缘的一些活动。随着深刻的质疑和严谨的观察，勒儒瓦－高汉得出了这样的结论：这些现已遗失的故事和神话中的动物图像揭示了人类对于生育和男/女二元性的看法。在人类和动物世界中，生育既是福气又是问题：婴儿的高死亡率意味着需要养活足够多的女性，而太多人口需要喂养又对人类生存造成了威胁。因此人口控制至关重要。另外也有分析将动物看作人类宗族和族群的象征，它们的族群中也有类似冰岛的萨迦那样的宗族故事。一种更现代的观点猜测这与萨满教的存在有关。热衷于迷幻视觉的萨满教，可能由于糟糕的空气环境、斋戒，或在摄取某种能扰乱心智的物质后，火把光亮闪烁，使他们在半梦半醒的情绪之中创作出了这样杰出的画作，让历代人类都为之惊艳。

跨学科研究也有助于理解这些画作。在他关于旧石器时代艺术的著作中，阿拉斯加的戴尔·格思里从动物学家和猎人的视角，认为这些图像是猎人创作留给其他猎人的。这是出于一种男性思维而非精神层面的分析。尽管女性政客在直升机上拍摄濒临灭绝的物种并不是个有用的例子，但相传于猎人间的狩猎知识在某种程度上显现了石器时代的人类活动。戴尔·格思里从洞穴里的涂鸦和装饰中观察到，男性在追捕猎物中的快感、仪式和收获（大量粗糙处理过的肉食，胜利的吹嘘和竞争力）可能是洞穴艺术的主要动力来源；那些肥胖的女性小雕像是隐晦的色情艺术，而不是生育的象征；刻在骨头和石头上的图画可能是艺术家的随笔，就像是公车站里的涂鸦。

洞穴艺术中展现出一种美学，同样的美学可能也存在于那些已经消失了的旧石器时代的纺织品、装饰性的服装、珠宝或室内装饰品等物件中。但是，我们无法得知人类对于美好事物的强烈的欣赏是否同样存在于食物和烹饪之中。我们只能猜测，并试着在这些美妙而神秘的动物图画当中找到一些答案。

奇怪的是，这些狩猎采集者从未画过对于他们同样重要的植物。野生植物的坚果、种子和谷物，不仅仅是他们的食物，也是所有食草的野生动物赖以生存的必需品。冰河时代晚期的气候有利于在大草原和牧场上漫游的反刍动物及其捕食者。当气候变化时，植被及其分布也随之改变，这种生活方式也就不复存在了。至此，洞穴艺术家再无新作。

探寻石器时代的饮食

石器时代的饮食在北极幸存下来。1908—1919年间，探险家、冒险家和人类学家威尔贾木尔·斯特凡松先是在马更些三角洲的因纽特人族群中生活，学习他们的语言以及多种方言，以极大的热忱融入他们的生活方式；随后他又东行，寻找此前从未与白人有过接触的库珀因纽特人。他们与因纽特人在冰河时期同有一个祖先，并且居住在同一个地区。斯特凡松意识到，为了生存下去，他必须像他们一样狩猎和捕鱼。后来，他不仅依靠他们的食物生存了下来，还渐渐爱上了这样的饮食。回到纽约之后，他开始进行实验性的全肉食饮食计划，其中包含大量的轻度烹饪的肥肉。之后，“在1928年1月底，我确信石器时代的养生法比我尝试过的任何饮食或生活方式都使我感觉更健康。我已经和因纽特人一样爱上了他们的食物，我从未像现在这样喜欢过任何一种食物。”从营养学上来说，肉类和脂肪里的维生素C和某些至关重要的氨基酸弥补了蔬菜、谷类和水果不足的缺失，也就是地中海饮食需要的那些东西。

斯特凡松把我们最爱吃的部分扔给了他的狗。他的因纽特朋友们喜爱富有嚼劲的肥肉以及煮熟的骨头周围美味的肉，背脊和肚子上的肉，鞍部、肩部和臀部的肉则直接扔给了他们的狗。斯特凡松这样描述一家人和他们的狗是如何分食驯鹿肉的：“孩子们得到了肾脏以及靠近驯鹿蹄的腿骨髓。我认识的所有因纽特人都认为最好吃的肉是在骨头周围；他们将后腿肉和肩骨一起煮熟，孩子们再从煮熟的瘦肉中选取他们喜爱的，和腿部骨髓中的生肥肉一起食用。也许这一家人还会和客人们一起分享煮熟的驯鹿头。因纽特人十分爱食舌头和脑，但是整个头部中他们最喜欢的是下颌，其次是眼睛后面的脂肪垫，接下来是胸部、肋骨，然后是骨盆。从腿部到肩部，他们会将外面的肉剔除作为狗的食物，而将一些里面的肉留给家人。”

这些信息让我们联想到，也许那些洞穴艺术家也是这样吃肉的。考古学家在洞穴壁画附近找到了人类准备和食用鹿肉的证据，以及遗留下的骨头。这也许是艺术家在工作同时所享用过的。这样的饮食似乎使他们生活得很健康，高大而强

尤皮克爱斯基摩小艇模型。

壮，并维持大约50年的寿命。

与洞穴艺术家不同，现代因纽特人对他们对于动物的信仰——海豹、驯鹿和鱼类，也就是他们赖以生存的食物——都有完好的文献记载。斯特凡松学习他们的语言并收集他们的故事和相关信息，帮助我们理解他们的生活。而对于石器时代的艺术家来说，就没有这样做的可能了。尽管如此，斯特凡松记载下的仍是那段历史中仅存的文明痕迹。西班牙和法国的洞穴艺术家曾享有上千年世世代代稳定而鲜少变化的生活，足以让他们发展出丰富的艺术文化。多赛特时期（公元前500—公元1500年）幸存的因纽特工艺品大多是工具和装备，以及一些能够握在手中的小雕像、儿童玩具，或是萨满教的祭祀物件，而这些都与搜寻食物的任务有关。

新石器时代的正餐

也有艺术家间接地留下了他们对于食物和进食的态度。在大约9000多年前，新石器时代居民在恰塔霍裕克，现在土耳其的安纳托利亚的科尼亚附近，进行了

在土耳其恰塔霍裕克遗址挖掘出的公牛角，可以追溯到公元前7500至前5700年。

一次大规模的城市开发。他们建造了大概300座房屋和营房，在大约13公顷的土地上有8000个居民一起生活和工作。这也许发生在人类从采猎者衍变为农民之前。他们在这里生活了几千年，然而这个地方周围是河流和污浊的沼泽，不适合耕作，也不适合畜牧。旧的墙壁开始腐烂，房屋倒塌了、粉碎成块，新的房屋又被建立起来。他们将新的土堆建立在坍塌的土层之上，在平地上又建立起一座一座房屋。人们的生活中出现了各种活动：去野外狩猎和游戏、采集种子和果实，并最终开始耕作。

建筑早于农业是一种颇具争议的说法。但我们在恰塔霍裕克的确发现了建筑和室内装饰的印记：精致的壁画和图案装饰的墙壁，还有雕刻在柱子上或是装饰在家具附件上的野牛头。

恰塔霍裕克的公牛壁画的复原图。

在农业还处于起步阶段时，对于捕猎、采集果实和耕作庄稼以及捕猎和畜牧的需求是共存的。有观点认为，生活在一个人口稠密的城市社区所需要的由精神和心灵的进化而产生的社交能力，再加上抵抗自然的力量，是人类进化成农耕者的先决条件。恰塔霍裕克的居民似乎已经认识到了这一点。在他们的房子里挖掘发现了储存系统，用来放置野生植物和栽培作物的果实和种子。碗、杵、钵用于烹饪的前期准备，灶台和烤炉用于烹饪。一些壁画中描绘的捕猎野牛和红鹿的场景欢乐而危险——渺小的人类挑衅巨大的猛兽。在厨房和屋子的遗迹中可以看出，这些野兽的肉似乎是宴席和盛宴上的重要组成，而家养的绵羊和山羊则是人们的日常食物。因此公野牛带角的头颅更有可能被当作节日宴会上的纪念品，而非生殖之神或伟大的地球母亲的神秘象征物。它们被作为一种可见的勇敢以及社会地位的象征，提醒着人们，谁才是那个杀死野牛、赢得主办庆典盛宴威望的主人公。一头野牛的肉多得可怕，也不易储存，但可以分享。因此，组织狩猎的群体通常也会组织一次庆祝宴会。宾客们从屋顶的入口，顺着梯子下到宁静舒适的室内的时候会看见那些动物的角与头骨。他们会惊叹于这里刚刚漆好的墙壁，打扫得整洁的地板，图案装饰精美的地毯与壁画相互呼应。对与烹饪相关的骨头的检测显示出这些肉食是如何被屠宰、加工、烹调和盛盘的，它们被放在烤箱里炖或烤，有时在室内，有时在屋顶进行。

恰塔霍裕克艺术补充了考古学没有告诉我们的——新石器时代的饮食和宴会习惯。我们也可以从其他时期看到石器时代的饮食，特别是人类对于肉食的态度以及怎么吃。狩猎英雄手中的烤肉串、烤叉上一片片的肉片，以一种难以捉摸的香气萦绕在诗歌和传奇故事中，却难以在这个时期找到任何可见的证据。

亚述巴尼帕时期一面浮雕上的亚述遛狗人，在茂盛的植物和果实丛中带着动物去狩猎，公元前645—前635年。

第二章

食在美索不达米亚：古代近东文明的饮食文化

自有文字记载以来，文学、诗歌和颂歌中便不乏食物的痕迹；有时也能在乏味的簿记和宫廷账本中找到一些补充；还有宗教艺术中偶然的细节，或是强大的统治者隆重的庆典里，也能瞥见当时的农业及贡品。陶器的碎片可能会提供一些关于食物是怎样被烹调和献上的确凿证据，而它们的形态和装饰可以告诉我们更多。科学和艺术也在与我们一起寻找新的证据。

他的脸庞闪耀着愉悦

在吉尔伽美什的传说中，有一位名叫恩奇都的男子。他从小生活在远离城市文明的荒野里，像旧石器时代的采猎者一样，以食野草、喝野生动物的奶为生。他在快乐女神的驯服、诱惑下开化。起初她向他介绍牧民的畜牧文明，包括他们精致的奶制品，随后用诱人的城市生活的印记——面包和啤酒试探他：

所以他吃了面包
直到不再饥饿！
然后他喝了啤酒：
七罐！
于是他的灵魂欢快而自在，
他的身体如此沉醉，

他的脸庞闪耀着愉悦！

下文中将更加详细地描述啤酒带来的社交上和营养上的欢愉。然而田园生活并没有阻止追逐所带来的原始乐趣继续蓬勃发展——去野外搜寻生物，或是饲养动物以供人们捕猎，都是为了在罐子中填满食物。鹿园和养兔场被创造出来，既是为了供人娱乐，也为人类供给了食物。自古，狩猎就不仅是一种觅食方式，也是一项运动。来自美索不达米亚庙宇里的贡品向我们展示了食物供应的复杂性。在这片土地上，文明生活已经萌芽。这里有颂歌、雕塑，以及大量关于捕猎、饮食的账目和交易记录。我们可以从中看到如何平息众神的饥饿，以及人类如何被填饱。“给神烤肉！烤肉！”祭司吟诵着，于是朝圣者以他们的口味为神献上了美味的食物。

与强者和勇者斗智，体会成功的危险与喜悦，挑战强大的战无不胜的对手，享受胜利的果实。王者之间的竞技和战争与冲突一起，被记载在文学和艺术之中。

猎狮也许是亚述人体验残酷和危险最极端的形式，可见于公元前645年的尼尼微皇宫的室内浮雕。有些浮雕描绘了人类抬着野兽的尸体凯旋，这些动物更多是被当作战利品而不是食物。值得注意的是，我们能够在背景中看到树木和花园、充满鱼的河流、葡萄藤和牧群动物，甚至还有一个野外的厨房（见第21页），以及为狩猎野餐做的准备——侍从为饥饿的猎人们带来了准备好的食物。

一个关于亚述巴尼帕辉煌统治的叙述中记载了国王的声明：

尼努尔塔和帕里尔，我所挚爱的神，请赐予我野兽并允许我狩猎。我曾杀死过450头强壮的狮子，我曾借助战车和我至高无上的尊严猎杀过300头猛兽；我带回来500只鸵鸟，仿佛它们只是家养的一样，我捕捉了100头大象……50头活野牛、140只活鸵鸟，借助武器，我还捕捉了20头强壮的狮子……我从Suhi和Lubda的统治者那里得到5头野生大象，它们与我们的队伍同行。我将成群的公牛、狮子、鸵鸟以及公的和母的猴子圈养，并让它们繁殖。我使亚述的土地更加辽阔，我使亚述的人口增长……

一面描绘美索不达米亚的亚述巴尼帕二世的野战厨房的浮雕，局部，公元前9世纪。

美索不达米亚的王朝和城市的运转依赖于对肥沃土地以及当地变化无常的气候的有效治理。雷雨、洪水、干旱和蝗虫灾害都是农作物和家畜所面临的威胁。面对这些强大的敌人，人类达成共识，通过整理、描述、分类，试图控制它们。还有一种策略是抚慰那些掌管这个非理性世界的神灵。这样一来，迷信和记录便成了人类的生存之战中同样重要的武器。众神和国王以及祭司之间，有着许多模棱两可的亲密关系。前者需要被安抚、贿赂，使其平静。后两者则要做好记录、列好清单，还要讨价还价。对于信徒而言，平息神与自然的愤怒至关重要，因为正是它们对于农业和贸易的保护使他们富有。

神殿是人类给神在地球上建造的家。这里还住着负责管理和交易大量物品和食物的神殿官员，以及那些负责一天两次为神供奉食物的人。食物和饮品是神所喜爱的，因此“给神烤肉”是句合理而实际的颂歌。当贡品被神接受之后，会被

“乌尔军标”，公元前2500年，一个描绘着神殿贡品的神秘物件。

献给国王或是神殿的官员，用于各种聚会。我们在这个被奇怪地命名为“乌尔军标”的一端看到了一些类似的记载。这是个类似于盒子的物件，可能被置放在战斗中使用的桅杆的顶端。它的碎片在1920年被发现，伦纳德·伍利公爵从一堆镶嵌物的碎片中找出并拼凑在一起。它的一面描绘了一场战争后的庆祝宴会的场景。尼尔·麦格雷戈犀利地指出，透过这样的场景，我们能看到一个拥有富余农作物、有能力设立固定高级官员的复杂而精致的社会。这幅画面体现了一个建立在贸易和战争之上的国家的力量，而不仅仅是一场古老的庆典。

神殿中献给神的贡品十分丰富，在这一段“娜娜的颂歌”中，讲述了娜娜-苏恩去尼普尔的神殿拜访她的父母，神恩利尔和宁利尔的故事。

打开神殿，哦，守门人！咔咔！打开神殿！
我带来了成群的牧场的牛：
为我，娜娜-苏恩，打开神殿，

恩利尔的神殿，哦，守门人！
我带来了肥美的羊肉：
为我，阿西姆巴巴尔，打开神殿，
恩利尔的神殿，哦，守门人！
我带来了我的整个饲养场：
为我，娜娜－苏恩，打开神殿，
恩利尔的神殿，哦，守门人！
我已喂肥了我的山羊：
为我，阿西姆巴巴尔，打开神殿，恩利尔的神殿，哦，守门人！
带来了未断奶的乳猪：
为我，娜娜－苏恩，打开神殿，

（从这里起，“哦，守门人”被省略）

我，阿西姆巴巴尔，带来了睡鼠：
我带来了歌唱的小鸟：
我带来了一整院的家禽：
我带来了院子里的兔子：
我有许多的大鲤鱼……
我有我池塘中的鲤鱼……
我有充沛的清润可口的啤酒……
我有成筐的鸡蛋……
我手拿着一支支温柔的芦苇……
我带走了他们水坝边的小羊羔，
并赶着它们走在图伦盖尔的浅岸边……
我的山羊生了许多孩子，
那些我从它们母亲那儿抢走的孩子……
我的牛生了许多小牛

公元前2250年的一个阿卡德圆柱印章，描绘了一个牧羊人和他的狗以及两只山羊和一只绵羊。这些一片片的物体也许是风干的奶酪。

那些我从无数母牛那儿抢走的小牛
走在图伦盖尔的浅岸边……
打开神殿，守门人！咔咔！打开神殿！

圆柱形的印章上可以看到一些贡品，人们将它们送到寺庙中：两只山羊、一只绵羊、蝎子和一条蛇——生殖的象征，还有一些也许装啤酒的罐子。当要回家时，娜娜恳求更多：

赐予我，恩利尔，赐予我
安全返回乌尔！
赐予我一轮潮汐（时间的潮落）
让我能返回乌尔！
赐予我夜晚来临前郊外的粮食，
然后安全返回乌尔！
赐予我净水中的鲤鱼和我池塘中的巨鲤，
然后安全返回乌尔！
赐予我温柔的芦苇和湿地中清澈的溪流，

然后安全返回乌尔！
赐予我野山羊和山上丛林里的绵羊，
然后安全返回乌尔！
赐予我果园里的果汁和美酒，
然后安全返回乌尔！
最后赐予我皇宫中长寿的一生，
然后安全返回乌尔！

书面文字的诞生

从恩利尔安全返回乌尔是一场贸易冒险，也是一个多余农产品如何被储存和交易的典型例子。商人和小贩在美索不达米亚的主要河流周围用粮食和纺织品换来丝绸和红酒、金属和香料等东西。最早的书面文字正源于这样实际的用途：记录神殿和皇宫贡品的供应账目、记录物品的运输以及方便分类。语言最初被书写下来，是作为账本，而不是文学。经过好几个世纪，用以代表事物的符号逐渐从抽象的三角形记号衍变成为可以识读的文字，被切口呈三角形的芦苇或尖笔，用合乎语法而富有深意的表达，书写在软泥垫上。楔形文字的书写从象形文字衍变成为楔形字符的组合。这些软泥板可以在阳光下晒干，或是加以烘烤使其不易破损，从而在几个世纪的洗礼之后，仍然有许多保存得完好无损。当图书馆和档案馆被侵略者焚烧时，这些干泥板得以保全，并比以前更加坚固。泥板上的文字所使用的多个语言系统、账目上不同的清算方式，以及众多的版式布局，使得文字内容难以阅读和推测。因此，抄写员要历经漫长而艰难的学徒生涯，但之后，他们便会拥有极高声望的职业生涯。官方生活得以被完好记载，国王和祭司依赖于他们，我们也是。但是它的系统如此繁复，我们只能找到草草留下的有关于普通人的“生活清单”，为我们照亮些许平民琐碎而平凡的生活。在数千块记载着货物账单、期票、法律和管理条例的泥板中，只有少许有关食谱的泥板得以保全。

在其中一块泥板上，代表啤酒的符号是一个圆锥形的容器。一个清晰的人类头部和一个盛食物的碗，类似于在波西米亚随处可见的简陋的陶罐，也许是在描述测量例如粮食或啤酒的体积。这些早期的书面记载描绘了监管的衰落以及神殿和宫殿进进出出的贡品的流动，成为颂歌中的颂词。

用于保卫和抚慰的印章

为了防止偷盗和伪造，人们在捆绑货品的绳子和容器上加盖封印。这些印章通常是圆柱形的，在软泥上滚一圈，便可以看到上面描绘的包含神和人类的图案。它们常以玛瑙和天青石这样较为珍贵的石头做成，并穿孔以作为珠宝或好运吊坠用于佩戴。雕刻师最初用雕刻刀和锉刀进行雕刻，几个世纪之后，他们已经可以精湛地操作起钻孔机和回转锯了。这些圆柱印章通过小小的、简略的草图透露出许多关于宗教和日常生活的有趣细节：供奉给神殿的牲畜、一大群人尽享美食和美酒、一对情侣在绿树成荫的花园共进午餐，以及神和英雄们与野兽搏斗、乘坐战车，或是人类向神进贡的情景。我们总是被这些平凡的画面所吸引，但事实上，这些印章有着十分严肃的目的。它不仅仅有着实际的或装饰的用途，更是一种抵抗厄运的幸运符，或和那些封印着、捆绑着的物品一样，是一种对神的供奉。

家酿和产业化的啤酒

在古代美索不达米亚，河水的潮起潮落，底格里斯河和幼发拉底河周围商品的流动和对于制造、资源和商业的管理，都急切地需要一个有文化的行政阶层、一群强大的神职人员以及一群温顺的国民。那些开朗的、不蓄胡子、剪着短发、自信地微笑着的公务员或是祭司，身穿带荷叶边的长裙或短裙侧身坐着，小口啜饮着圆锥形高脚杯里的红酒，收下被其他官员抬进来的牲畜贡品：绵羊、山羊和鱼。“乌尔军标”中的这个场景可能是展现在接收战斗中所赢来的战利品。这让我们了解到一些关于神殿中的消耗物品与其接收的惯例。

“乌尔军标”的局部，描绘男人饮酒的场景。

在墓碑和印章上，我们可以看到不少穿戴整齐的绅士，用礼仪惯用的手势，右手拿着高脚杯舒适地坐着，有的则用吸管吮吸着大口罐里的啤酒。这并不是个特别的习惯。而是因为啤酒中有一些绒状的苦涩的沉淀物残留在容器底部，又有一些碎末浮在上面，吸管能让人避开这些碎屑品尝到清澈的液体。马克杯和烧杯也同样被使用。

事实上，啤酒酿造过程中产生的粥状的副产品被认为是日常饮食很重要的组成部分。从营养角度来说，它们比煮或烤过的粮食对人体更好。因此有人推测，最初采猎者正是感到享用啤酒、耕种庄稼的舒适，才决定开始在一个地方定居下来。妇女们在家中酿制啤酒、准备食物，这样，农业便诞生了。

一首献给啤酒女神的颂歌

许多类型的啤酒都是用面包和粮食酿制而成，添加枣子或多种草本植物增加甜味、调制口味。它们所产生的美妙反应在歌曲和传奇中被歌颂。一首献给啤酒女神宁卡西的颂歌，用一些莫名其妙的细节描述了啤酒的制作过程，以至于一位来自加利福尼亚野心勃勃的酿酒师曾制作出了一批似是而非的“美索不达米亚啤

大约公元前2600年，乌尔的一个圆柱形印章上刻着美索不达米亚的名流用吸管饮用公用罐子里的啤酒，或者是圆锥形容器里的某种饮料。

酒”。但事实上制作中的许多细节仍不明晰。这首颂歌刻在了公元前19世纪的一块泥板上：

在流淌的河水之下……
被宁胡尔萨格[1]温柔地照顾着，
在流淌的河水之下……
被宁胡尔萨格温柔地照顾着。

在神圣的河流边建造了你们的城市，
她为你们修砌了高耸的城墙，
宁卡西，在神圣的河流边建造了你们的城市，
她为你们修砌了高耸的城墙……

1 苏美尔神话中山之神母，苏美尔七大神之一。

你是那个掌控面团的人，
用巨大的铁铲，
在深坑里搅拌，巴丕尔[1]和甘甜的香料，
宁卡西，你是那个掌控面包的人，
用巨大的铁铲，
在深坑里搅拌，巴丕尔和（枣子）蜂蜜。

你是那个烘焙巴丕尔的人，
在巨大的烤箱中，
将带壳的谷物有序摆放，
宁卡西，你是那个烘焙巴丕尔的人，
在巨大的烤箱中，
将带壳的谷物有序摆放。

你是那个灌溉麦芽的人，
在田野上，
皇室犬甚至君王都不敢接近，
宁卡西，你是那个灌溉麦芽的人，
在田野上，
皇室犬甚至君王都不敢接近。

你是那个在罐中浸泡麦芽的人，
潮起，潮又落。
宁卡西，你是那个在罐中浸泡麦芽的人，
潮起，潮又落。

你是那个将麦芽浆晾在巨大的芦苇垫上的人，

1 bappir，苏美尔人两次烤制的大麦面包，主要用于古代美索不达米亚的啤酒酿造。

直到它冷却。
宁卡西，你是那个将麦芽浆晾在巨大的芦苇垫上的人，
直到它冷却。

你是那个用双手捧着清甜的麦芽汁的人，
用蜂蜜和葡萄酒酿造
（你是容器中清甜的麦芽汁）
宁卡西，……
（你是容器中清甜的麦芽汁）

过滤桶发出了令人愉悦的声响，
你恰如其分地将它放在一个巨大的收集桶（之上）。
宁卡西，过滤桶发出了令人愉悦的声响，
你恰如其分地将它放在一个巨大的收集桶（之上）。

当你将过滤好的啤酒倒入收集桶中，
那就像底格里斯河和幼发拉底河的激流。
宁卡西，你是那个将过滤好的啤酒倒入收集桶中的人，
那就像底格里斯河和幼发拉底河的激流。

小规模啤酒制造人遵循着这个方法，得到了令人满意的成果。

雨水和灌溉

需要灌溉的远远不止于皇家园林。作为城市经济的基础，农业依赖于两条伟大河流的水源供给：这维持了庄稼的循环生长，而最糟的情况是，水在炎热干旱的环境中蒸发，由于盐和矿物质的堆积，土壤质量不断恶化。这样一来，土地

的生产力就会下降。这对数百万年前的人类而言并不是什么问题，此时却对人类生存造成了威胁。城市因为河流和运河的淤堵而失去了活力，农业因为土壤的污染而萎靡。骄傲的城市粉碎成了尘土，只留下不起眼的一层层的泥土，取笑着后世的想象力。战争和侵略是造成这种不稳定性的重要因素，但土地的管理者也要负一定责任。城市中的官僚阶级策划了一系列大型的灌溉工程。部落社会采用了较为简单的灌溉系统，利用休耕使土地在盐和矿物质的失衡中恢复过来，通过野草将营养输送回土壤中去，同时结合放牧共同治理。贤明的统治者遵循这样的方式，将贸易和战争与耕作和放牧结合起来。

底格里斯河和幼发拉底河之间的土地上很少降雨，但是河流源头的雨水会造成平原上河岸的崩塌以及短暂的洪水侵袭。于是人为的土木工程和运河的管理是人们的首选措施。美索不达米亚的文明依赖于水源的监管和灌溉。皇室管理采用了运河、大坝、抗洪堤坝的体系，皇室花园也可以看作是在当时科技发展的一个副产品。这幅单色的浮雕作品的复原图试图还原它原本可能采用的颜色，尽管透视让人有些疑惑，但它展示了水是如何引入导管和沟渠中，从而灌溉这个花园的，其中的一些特征我们也能从狄奥多罗斯[1]的书中找到佐证。

在这样一片干旱的土地上，从绿荫大树到一草一木，任何植被都极为珍贵。一块存留下来的石板陈列了公元前17世纪皇家巴比伦的68种植物，其中40种仍未定种。我们能辨认出的有大蒜、洋葱、大葱、红葱头，还有各类生菜、芝麻菜、水芹、萝卜、黄瓜、甜瓜，也有胡荽、茴香、葫芦巴、薄荷、莳萝、芸香、牛至以及百里香。其中许多植物很早就出现在了记载食谱的石板上。耶鲁大学让·博泰罗在研究中识别出了——大葱、大蒜、洋葱、莳萝、胡荽、茴香、薄荷、芸香、芝麻菜、甜菜根、“芳香叶”（肉桂）和未被定义的“绿色植物”，以及一些不知名的原料——*zurumu*, *samidu*, *kissimmu*, *suhutinnu*, *halazzu*、*hirsu*，也许还有古代罗马消失已久的*sylphium*，以及奇怪的寄生科植物，带着生涩苦味的菟丝子。菟丝子和牵牛花有点像，是许多菜肴中令人百思不得其解的元素。这是一种

1 Diodorus Siculus，公元前1世纪古希腊历史学家，因其著作《历史丛书》而闻名。

公元前7世纪，尼尼微的亚述巴尼帕宫殿中一块浮雕的彩色复原图。展现了亚述花园的风貌：一条沟渠灌溉了整个花园。

寄生植物，它依附在其他植物上生长，从中吸收营养。有些专家认为，菟丝子可能曾被用于制作啤酒，它的苦涩和啤酒花起着类似的作用。不过是否如此，取决于一个含糊的阿卡德文字。在进行食谱还原的时候，我们可以用一些带有苦味的植物作为替代品，例如芸香，或者是类似苦瓜的蔬菜。

阿比西尼亚的野战厨房

浮雕中经常出现善战的国王和猎人面对死亡和危险时表现出的英勇画面，只留下了极少的空间给他们的随从和奴隶服侍，躺着享受食物和美酒的场景。我们有幸瞥见公元前879年，亚述巴尼帕二世所在的尼尼微的一处阿比西尼亚人的野战厨房（见第21页）。我们可以看到厨师们在通风良好的木头或木炭上准备食物和饮料，动物被分割好，面包在可移动的烤箱里烘烤着。

我们可以从献给神的礼物和祭祀品清单中推测，相比之下皇宫和神殿中的高级料理要复杂得多。以公元前700—前800年的尼尼微女王举例，在总共1600名宫仆中，有300名厨师和助手。有一份幸存下来的不完整记载，记录了伊纳·恰蒂·纳布·巴尔图，一位学徒厨师，在公元前550年向里希提学习的经历。为了满足公元前2000年中期传说中阿达帕[1]的需求，他必须要掌握非凡的技能以胜任祭司和厨师的双重角色。"伟大的祭司，用他洁净无瑕的双手，满腔的热忱，在神殿厨师面前完成了祭祀，他每日亲自准备神圣的餐桌，如果没有他，这盛典的餐桌将永远无法献上！"隐藏在耶鲁大学储物柜中残缺不全的石板上的35道食谱，是仅有的能帮助我们想象当时华丽而丰富的菜肴的线索。作为翻译家，让·博泰罗也提醒我们，语言之间的鸿沟，过于简洁、难以理解的文字以及其文法的简洁本质，使得现有的解读只是假设。从共同的多样性、相似的香料以及草本的混合使用可以看出，这些食谱可以和现在中东的饮食联系起来。但我们还是无法得知*suhutinnu*, *samidu*, *zurumu*, *kissimu*这些词的意思。有些食谱中包含两个人一起工作的指示，这也许是烹饪的师父和他的学徒。

人们对于这个菜系的印象通常是：精致，它拥有丰富的调味品，以及十分有趣的制作过程。例如，鸽子馅饼的制作包括给鸽子去毛，将鸽子浸入开水以让肉质紧实，之后再浸入冷水，洗净，用水和牛奶将它和它的肠子、肝和胃一并煮炖，最终用肥肉，加香料和捣碎的大葱、洋葱、大蒜，以及神秘的*samidu*进行煎炸。与此同时，烤制一个面糊做的底壳并盛放在盘子中。烹饪好的鸽子和内脏被放置在底壳上，再加入些许调味品，以及事先预备好的小面包或其他小面点（可能是用来吸收汤汁的），再将一个另外烹饪的圆拱形的面饼壳覆盖上去完成装盘。大约4000年后，17世纪的英格兰，罗伯特·梅模仿制作了这样的华丽馅饼，用装饰性的外壳盛盘，所有的香气和调味料在最后的加热中汇集在一起。

1　美索不达米亚神话中的重要人物，他的名字可以在驱魔仪式中召唤某种力量。

内巴蒙墓地发掘的壁画局部，描绘了一群鸟，底比斯（现代的卢克索），公元前1350年。

第三章 古埃及人的宴飨之乐

那些在生前能够享用美食的古埃及人，也同样有能力负担在自己的墓碑画像、纪念碑以及日常用品中绘制足以唤起他们所钟爱食物的图案的费用。其中许多图画都得以幸存。去往阴间的冒险旅途中需要食物，在那之后他们也要享受美食，就像日常生活中的许多美好事物一样。

阴间的狩猎

在古代埃及，狩猎不像在阿比西尼亚那样被当成娱乐，而是被看作一种优雅而舒适的休闲活动。内巴蒙一位生活在公元前1350年底比斯的富有官员，证实了人类在冥世对于狩猎水禽和鱼类的享乐追求。他生前是掌管阿蒙神殿粮食和酒类储藏的高级官员。他的墓室里装饰着去向另一个世界的旅途中所有可能需要的美好事物，以及在他安全到达后所期望享受的一切乐趣。一本由多篇纸莎草收集起来的《亡灵书》似乎向我们详细道明为了实现这些，人们准备了大量献给众神的祭品，并经过了繁复的程序。尽管下页中描述内巴蒙一家乘着一艘轻舟在沼泽中远足的画面可能参考了许多神话故事，但很明显，象征着重生和复苏的鱼鸟图案，以及那些反映人类日常活动的画面是在描绘一位富有的公务员在此生和死后享受日常乐趣的场景，试图让前来拜访墓地的友人和亲

内巴蒙和他的家人在捕捉水禽。来自底比斯，内巴蒙墓室里的壁画，公元前1350年。

属受到画面的感染，以这样的方式记住他，并期望自己也能这样平安地来到往生世界。

在沼泽地里狩猎是一种消遣，而不是为了果腹。内巴蒙的食品柜已经装满，并且从宴会的场景中可以看到，宾客们面前堆满了食物和酒水。在潮湿的沼泽中，内巴蒙，还有他的妻子哈特谢普苏特和小女儿，在一艘狭窄的小船上玩耍，在一丛丛的水草和芦苇中滑行。他双腿分开站着，一只手挥舞着一根准备投掷的棍棒，潜伏在周围的猎物拍打着翅膀。他另一只手抓着一只刚刚捕捉到的白鹭。一只温驯的鹅，作为给阿蒙神的祭品，在船头站立着。他们的宠物猫向一只遭殃的野鸭扑了过去，而它的一只爪子抓着一只杂色鹡鸰，另一只抓着一只百舌鸟。动物的毛发和羽毛飞扬在空中，蝴蝶扑闪着翅膀，它们的喧闹声和动静萦绕在整个墓室的墙壁上，沼泽中的水中有鱼和植物，包括一只河豚、一条罗非鱼和一

牲畜被送去内巴蒙那里（左边的抄写员正在记录），内巴蒙墓室中的装饰画的局部。

条胭脂鱼。有些墓室中的图画会展示普通的用网和鱼叉捕鱼的景象，而这一幅更好地展示了大自然美好而旺盛的生产力，充满愉悦而富饶的景象。我们也可以由此看出狩猎是富人的运动。

不过相对日常的食物还是来源于畜牧业和农业。和狩猎一样，农业同样在内巴蒙的墓室中得到赞美。一大群牲畜被驱赶着，身体与腿交织在画面中，每头牲畜都有着自己的样貌，正向那个观察着每一细节的抄写员的方向涌去，受到他们主人的欢迎。

富饶的尼罗河流域和它的物产

尼罗河不像底格里斯河和幼发拉底河那么任性。它温和、

《亡灵书》中，植物作为祭祀品中的一部分，公元前1250年。

可控，为人类带来诸多益处。得益于每年一次的洪水，以及人为的灌溉系统，大量供食用的农作物延续繁殖至今，就和它们许多年前一样。生菜、洋葱、大葱和大蒜得以生长茂盛。希罗多德[1]说他曾经看到这样的铭文："金字塔上的埃及文字记载着，大量的红菜头、洋葱和大蒜为金字塔的建筑工人所食用。"我们无法找到这段铭文。不过，铭文会记载工人们这样朴实的饮食似乎也有些奇怪。

"富尔梅达梅斯"（*ful medames*），如今埃及国民普遍食用的一道菜，是一种干蚕豆：人们将它在水滴形的大锅中慢炖一个晚上，然后用全麦皮塔饼裹起来，再用一些开胃的小菜和香料进行点缀，成为一种在大街上贩卖的零食。这种做法源自遥远的埃及第五王朝。尽管有相关禁令，扁豆或者四季豆仍被食用。我们可

1 Herodotus（公元前484—前425年），古希腊作家，他将旅行中的所见所闻以及波斯阿契美尼德帝国的历史记录下来，著成《历史》一书，成为希腊文学史上第一部流传下来的散文作品。

以在一些墓地祭祀品中找到它们；一些德尔麦迪那的工人的一部分工资也由这些豆子支付。作为主食，鹰嘴豆和小扁豆通常用碾碎的芝麻或植物油进行调制，也就是今天的“鹰嘴豆泥”。《亡灵书》和墓室艺术都有着工人们照料与收割生菜和洋葱的情景，这些蔬菜可能仅仅是祭祀食物中的绿色点缀。

作为配菜和装饰品的草本植物

在古代埃及，芳香的草本被用于制作花环，我们在墓室的壁画上和考古发现中都见到过一些死者佩戴着残留的鲜花和树叶编织的项链。珠宝也被设计成类似植物的样子。我们现在很难弄清楚它在当时的重要意义，但是似乎可以发现，一些植物在作为调味品的同时，也具有医用的价值。一个遗留下来的用芹菜叶编织的项链，也许是件装饰品，但同时，也可能是为木乃伊身体驱虫的功能性吊坠。生菜和一些绿色蔬菜出现在了描绘祭祀品的画作中，并且似乎，其中锦葵科的长蒴黄麻（*corchorus olitorius*）作为装饰性的植物成了现代埃及的国家象征。将它们的叶子切碎加入鸡肉或兔肉汤中，汤汁会变得黏稠，与此同时，汤料中各种食材的香味也更加浓郁，它们富含的 β 胡萝卜素、铁、钙以及维生素C都融汇在这碗人们日常食用的肉汤中，不仅内容丰富，还营养十足。远古时期，女人带着装有长蒴黄麻的巨大罐子去田间看望辛苦耕作的男人，这一古老而意义非凡的习俗延续到了现代，爱国的埃及人用更加华丽的方式：以鸭、鸡、兔和牛肉制作的美食来庆祝他们过去和现在的农民身份。克劳迪娅·罗登这样形容长蒴黄麻：“这种汤拥有着埃及农民所有的品质：他们的不朽，他们与自然、季节和土壤的和谐相处。”

但是新鲜的长蒴黄麻叶子易腐坏，没留下任何让种族考古学家可以研究的证据。另外，它在绘画和雕塑中独具一格，只表现为某种十分含糊的绿色植物，普林尼和希罗多德对其的描述也含糊不清，这使我们无法确定这种植物是否是生长在法老时期。我们也无法确定古代埃及农民是否喜爱这道菜。我们只知道他们的饮食以素食为主，偶尔加以鱼和肉类。我们可以对建筑金字塔工人的食物记录进行解读，除了多次提到的“大葱、洋葱和大蒜”可以作为日常食用的面包和啤酒的理想搭配，似乎辛苦的劳作也为他们换来了大量的肉类和其他粮食。一位抄写员在一本令人心寒的账本中，为了故意显示自己的崇高地位（与其说他是一位书法家，还不如说他是一名高级会计），让我们看到了一位在田地工作的农民遭受到的灾难和遭遇。他不得不屈服于庄稼收成惨淡、动物瘟疫，邻居的背叛致使他被监工毒打，最后被扔下一口井中，他的家人也只能忍受饥饿。这些让我们想到皮埃尔·塔莱说过的，事实上，农民在当时被看作低等人类。

早期的葡萄酒

葡萄酒在古埃及酿制并供人享用，在那里我们找到第一批带有标记的葡萄酒。将葡萄压制成汁，用多种方法处理并使其发酵，之后将酒倒入双耳瓶或罐子里，再用泥土和稻草制作的塞子将瓶口封起来，塞子上面牢牢盖好官方印章。有时，一些额外的信息会用通俗文字写在罐子上。尽管还有多种不同的观点，但我们可以尝试通过制作葡萄酒的朝代、区域，酒的名字、质感，甚至制酒工人或葡萄园主人这些信息来将葡萄酒分类。皮埃尔·塔莱发现这些酒的酿造时间在10年到40年之间，是从皇宫地窖中精心挑选出来，用来鼓舞这位年轻的国王去向往生后的世界。

墓室中的绘画或浮雕以及考古遗迹，帮助我们更多地了解了葡萄酒制造业。一幅浮雕作品展示了这样的场景：一群工人在一座巨大的容器里用脚踩着葡萄，手扶着他们头上的秤杆，互相搀扶着保持平衡。而另一些资料显示，他们还需将酱汁过滤至容器中，可能是用织物包裹挤压以过滤。记录表明，有演奏者在这项欢乐而艰苦的工作中献上了鼓舞人心的音乐。工人们还抱怨贪婪的演奏者肆意享受了为工人自己提供的免费的食物和美酒。斯特拉托尼库斯，一位竖琴师，说只要他想要睡觉了，便会叫他的仆人送上酒水。“我倒不是渴了，”他说道，“但我不想感到口渴。”

为来世酿酒

古代埃及人的墓室里有面包房和啤酒坊的模型。一罐罐的啤酒和各种面包，以及展示在浮雕和壁画上的仆人们正在准备面包和啤酒的场景被用小巧精致的线条再现出来，并配以圣书体文字注释。这些场景传神而幽默地传递出真实厨房、工坊中的嘈杂和生气。而当食物历史学家试图将它们解读成“食谱漫画”或制作图解时，疑问来了：民众对制作啤酒的每一道工序都了如指掌，根本不需要绘制或雕刻这些步骤；而贵族们只用享用它们，他们想要的是在需要的时候，这样的场景和氛围能重现。完成墓室装饰的艺术家并没有将这些画作一格一格地按顺序依次摆放，他们的意图在于展现出这项工艺的精髓，表现出每日紧张的准备以及人们愉悦享用时的熙熙攘攘的气氛，就像本书第44页制作面包的场景。

监管建造埃及第五王朝宁瑟蕊金字塔的监工泰是一位十分有威望的官员，他的妻子讷菲尔贺戴普斯是一位荷鲁斯的祭司。他们一起被埋葬在塞加拉（埃及中部）庞大公墓中一座豪华的墓室里。这些制作啤酒的场景只是墓室中众多丰富情景中的一部分，它们代表的也只是这对夫妇所需品中的一小部分。而它们告诉我们的关于啤酒制作的工序远远少于我们的期待。这些画作十分迷人，它们简洁的线条所描述的画面，似乎必须让我们细细品读才能理解其中的内容。这些熟悉的画面是给予死者家人的一种安慰，也召唤着某种超自然力量，可以为死者提供冥界的啤酒。而如今，这些画面让我们免于凭空的想象，也给历史学家们带来了争论。我们试图用文字解读这些有着明显叙事意图的图画，但这与对他们曾经准备以及储存啤酒的容器和用具中提取的啤酒残留物进行严格的化学检验和考古调查所进行考古调查，得出的结论有些冲突，不过只要图画的意思能被解释，它们便可以互相补充。戴尔维·塞缪尔在她前瞻性的工作中解释到，在残留物的检测中找到的东西，可以调整我们对于图像的理解。她研究的是新王朝时期，公元前1550年至前1070年间的物质。通过电子显微镜扫描小麦和大麦的残留物，可以发现人们对这些谷物做了什么，将它们制成不同种类的啤酒。这些发现使得早前一些对图画的分析显得十分草率。枣被用来调味的可能性，或用稍稍烘烤过的面包

古埃及墓室中的小雕塑，描绘一位妇女研磨谷物用以做面包和啤酒的场景，第五王朝末期（公元前2494—前2345年）。

浸湿、弄碎，用滤网筛过，再发酵而制作成的含有酒精的粥的可能性，现在看来都并不存在。（但是阿索尔·博泽的这种设想的确让我们联想到一种加威士忌的甜味谷物粥，将它过滤制成液体状，或者以半固态状食用，都是一种能获取极大营养以及愉悦感的传统粥类食物。）在挖掘出的厨房和垃圾堆里找到的罐子以及食物的残留物、埋葬的小雕塑和厨房模型、墓室中的壁画和浮雕、书面记载（祭祀品清单、神殿厨房的供给品，以及上面列出的物品），都是帮助我们理解这些令人心醉的艺术品的依据。这些艺术品也许可以和“美好年代”[1]咖啡公社所钟爱的印象派画作相提并论，它们不能被视为19世纪中期巴黎的社会学解读，却生动地传递了那个时代的氛围。

啤酒的种类有很多种，日常饮用的自酿啤酒是为家人日常消耗准备的。这是一种营养丰富、酒精含量低的饮料，也许有较多的啤酒沫，但比河里或井里的水更利于健康而富含营养。根据塞缪尔的说法，这个制作过程包括将一部分谷物（小麦和大麦）制麦，使它们发芽，再将它们与带壳的、粗糙研磨过的、制熟的

1 belle époque，是欧洲社会史中的一段时期，从19世纪末至第一次世界大战爆发而结束，是后人对这个和平、科技、文化、艺术飞速发展的时期的称呼。

谷物混合，使其发酵，然后再将混合物过滤、装瓶，再饮用。这项工作是埃及人家中最为寻常的日常工作。而在皇宫和神殿内，则会运用更大规模的器具。文献中记载了不同啤酒的名字。埃及中部的阿玛纳以及其他地方挖掘出的工人的村庄遗址显示出，寻常人家中都拥有便于捣碎谷物以去壳的磨杵和钵，以及将谷物研磨成粗面粉或细面粉的手推石磨。这两种工具当然也被用来完成厨房里的其他工作，捣磨食用的干豆，研磨草本、香料、坚果，以及制作酱料。

面包制作的印象

面包和啤酒是古埃及人日常饮食的主要组成部分，因此常常能在死者墓室里的图像和小模型中看到它们。同时，艺术品中也描绘了制作原料以及仆人们准备食物的场景，以为死者提供通往来世的危险旅途中的食物，并供他们在最终到达时享用。墓室壁画中的烘焙场景用令人十分费解且恼火的方式展现了制作面包时热闹繁忙的气氛。这些壁画中精致的黑白线条毫无逻辑可言，当我们试图按照制作步骤一步步解读的时候，简直寸步难行。墓室艺术家为已经熟知步骤的奴隶和仆人们呈现了一幅描绘面包制作的印象派作品。

其中有些面包看起来眼熟，这暗示着中东烘焙坊和面包店的连续性。画上的圣书体文字注释一定能解释它们的意思吗？然而，墙上写的并非是“现在摇晃筛子，将碎谷粒的壳儿剃掉”，而是类似于一位工人对他的同事说“加快点！你这个懒家伙”之类的句子。只有当考古学、古植物学和在墓室发掘地的面包残留的分析能协调一致时，才可以稍微缓解我们对埃及烘焙的疑惑。这些简笔画十分具有欺骗性，不管它们具有怎样的含义或是象征意义，它们和那些墓室中的小雕像和模型都在帮助我们进一步地靠近其本质。本书第42页的这位年轻女性似乎在一个马鞍型的石磨上，正用一块石头研磨谷物。当考古学家戴尔维·塞缪尔卷起袖子，亲自尝试研磨一捧小麦时，她才真实地感受到了这项辛苦的劳动，明白人们是花费了多少时间和精力才将这些小麦制成面粉的。她也对墓室壁画和为葬礼准备的面包的残留物得出了一些分析。但是令人费解的是，其中一些面包非常粗

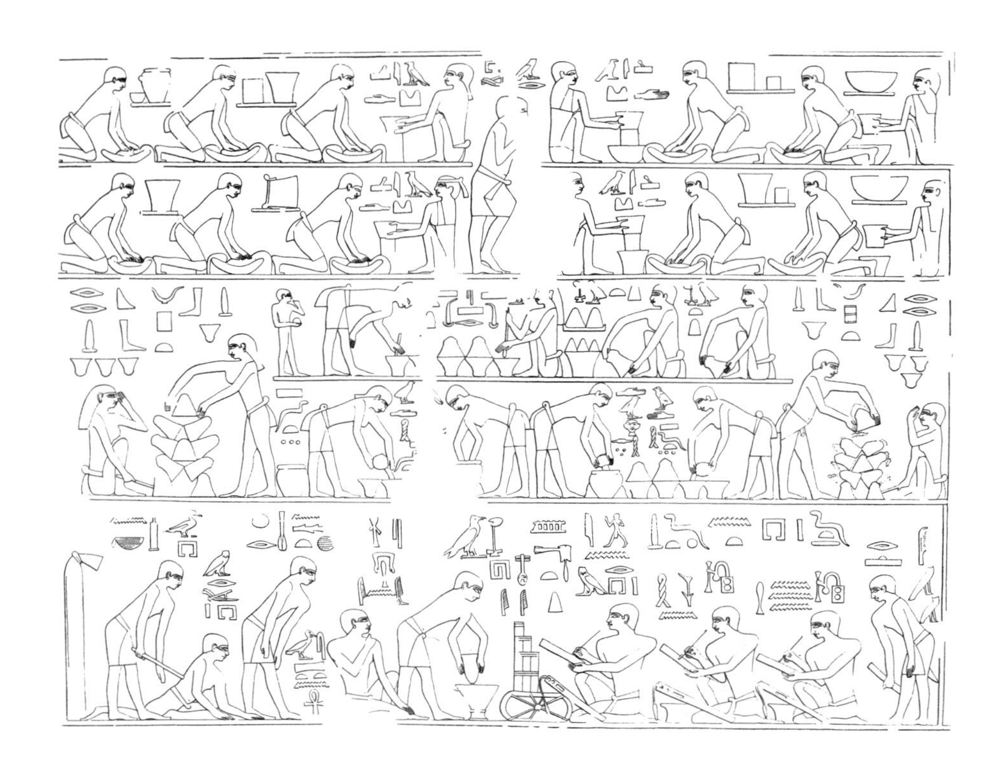

一幅描绘面包制作工艺的壁画复原图，来自泰的玛斯塔巴[1]，塞加拉，埃及（公元前2494—前2345年）。

糙，根本无法食用。也许是因为它们只是一种象征，而并非死者真正的食物，这也暗示着面包师傅无须考虑面包的口感。面包和面食点心似乎有着众多制作方法，有的放在预热过的、类似花盆的容器里，然后放在火炉上而不是烤箱中烘烤，也有些种类是放入各式磨具中，用油煎炸，还有些会使用传统烤箱。

内巴蒙如何保持清醒

内巴蒙墓室里一幅描绘盛宴的画作展现了一排木质框架的双耳陶罐，上面还点缀着带有驱虫和镇静效果的新鲜植物。

1 Mastaba，古埃及金字塔形状的石室陵墓。

一些墓室中的壁画真实地描绘了宴会上酒醉的场景。据阿忒纳乌斯[1]说："埃及人一向是酒痴，只有他们会将煮熟的卷心菜放在菜单的首位，直到今天仍是如此。"而卷心菜一直被视作过度饮酒的解药。1683年，卡尔佩珀在他的植物志中也提到过这一点："它们被盛赞。在食肉之前食用，可以防止饮食过量，同样也可以防止饮酒过量产生的不适，或者帮助让人在醉酒后快速清醒。"

多少厨师才够用？

在去往另一个世界的旅途中需要多少位厨师？从堆放在墓室中的贡品和壁画上可以看出，一位富有的高官需要许多厨师来为他烹饪和服务。在墓室艺术品中可以看到面包师、啤酒师、面食师傅以及屠夫辛劳的工作，画面中并不是以有序的步骤呈现他们的工作，而是用一种混乱的景象展示厨师们是如何为死者和随从们准备食物，以便他们面对接下来的残酷旅程和最终的欢乐时光。对造访者来说，这些图像精准而令人愉悦，而不是说教式的，使人能轻松、释然地追忆逝者。为了确保一切准备妥当，许多墓室的陪葬品中也包含工作中的厨房和厨具的模型。干燥温暖的墓室环境完好地保存了为死者准备的供给品以及那些画作，其他气候的墓室就不一定了。

阴间的盛宴

埃及墓室壁画和《亡灵书》的各种版本中常有关于宴会场景的描绘。古代埃及是一个繁荣而独立的国家，在地理位置上，它依赖着尼罗河，有自给自足的肥

1 活跃于1世纪至2世纪罗马帝国时期的作家，用希腊文著写《智者之宴》一书，以对话体书写而成，为后世保留了大量珍贵的风俗和文学资料。

沃的泛滥平原。尼罗河为它提供了舒适而优美的环境，也为统治阶级提供了丰富的食物和饮品。这些寻欢作乐的人在这里尽情享受人生，死亡对于他们来说似乎是旅程中一个转折点，只是从一种生存形态转换到另一种形态。这个转换过程被记录在了我们现在所谓的《亡灵书》里，事实上它是神殿里的一堆记录葬礼的卷轴。仪式很有可能在庭院里进行，“天黑之前启程吧！”他们这样说。阿尼，一位皇家抄写员，在公元前1420年时负责管理底比斯周边的阿拜多斯城的粮仓。他的墓室有大约24米长，镶满了圣书体文字的墓壁上有超过60幅插画。这些纸莎草可能无意间用某种方式召唤出了来自神秘世界的来访者。但无论如何，它们都让我们有机会看到古埃及人的日常生活，以及食物在这些复杂送行仪式中的重要性。在这里，阿尼和众神都得到了作为祭祀品的面包、啤酒、烤熟的肉以及甜点。一些来自19世纪的翻译选段让我们发现食物拥有某种象征性的角色，以及纸莎草上有关食物富有个性的表达：

> 奥西里斯的祭坛上的蛋糕、啤酒、关节上的肉将会送到他那儿；面包应用白色的大麦制成，我的啤酒用哈比神的红色谷物制成，而我将会在我的树林枝叶美妙的臂弯里享受我的食物。

你可以将它带走

埃及古墓中，那些描绘着献给死者和神灵的祭祀品的壁画、浮雕为我们提供了更多关于食物和宴会的信息：有身份的人会热衷于宴会，因此我们能在艺术品中看到一些为宴席准备的食材。有时真实的食物会和其他贡品一起放在墓室中，有时则会以小的陶艺模型替代，还包括在厨房里努力工作的人偶雕塑，面包和啤酒的制作过程被制作成一些可拿在手里把玩的小物件。

宴席上的食物被描绘成一大堆颤颤巍巍地垒在纤细的桌子和凳子上的食物和

材料，任性地堆放着，看上去很疯狂——有生的，有熟的，鹅、鸭、肉、鱼、面包、水果、黄瓜，整碗的食物、绿色莴苣叶，还有面点、一罐罐的啤酒和葡萄酒（见第48页）。墓室画师熟悉并掌握透视技法，但他们在处理食物的画面时打破了所有的规则，用一种逝者十分喜爱的、将事物的细节表现得淋漓尽致的方式描绘食物：食物全以正面的角度入画，一个叠在另一个之上，几乎是悬浮在空中的，而不是一半隐藏于几何形状正确的厨房桌子或祭坛的平面之后。

一份新王朝时代遗留下的文件显示，一位王室官员命人记录下了为欢迎法老和他的随从回府准备的食物。这份清单上包括了一打不同种类的面包，有面包干、上面撒了芝麻籽的面包卷、大麦面包、燕麦饼、甜点和其他种种；还有腌肉、内脏、奶油和黄油；还有生的和熟的鹅、鸭子，来自沼泽和草原的野禽、鸽子、鹌鹑、绵羊、山羊、公牛、奶牛、野牛，再加上来自运河、泛滥平原、三角洲、鱼塘以及湖泊的多种鱼类（难以辨别），有活的，也有风干或腌制过的；干的或新鲜的100筐水果，包括石榴和无花果；新鲜的蔬菜和100种用于烹饪的香草；干豆类——小扁豆、鹰嘴豆、蚕豆、豌豆；以及葫芦、胡荽、豆角、多种油类、鹅脂、各种酒类，还包括仆人们的日常用品。

皇室的下班时间

胡亚是一位阿玛纳地区的法院官员，在他的墓室里有一幅关于宴席场景的壁画。画中以一种新奇，甚至令人意外的方式，展示了他与法老和王后纳芙蒂蒂，还有王后的母亲以及他们六个女儿中的几个，正在共享一顿非正式的聚餐。他们以舒适的姿势坐着自己进食，而不是像以往在传统画作中那样以被膜拜的姿势被动地接受食物。他正津津有味地咀嚼着一块烤肉。这幅壁画以及其他墓室里的一些图画描绘了皇室成员将孩子放在他们的腿上玩耍，并拥抱、亲吻他们。这些画面将法老和他最喜爱的妻子描述成普通人的样子，而不是早期宗教性艺术品中严肃的神的样子。他们也像普通人一样享受着平凡而琐碎的家庭生活。艺术家这种

一份纸莎草上记录的葬礼食品贡品的局部描写，18世纪王朝后期。

新潮的现实主义风格来自他神秘而年轻的统治者阿肯那顿精心谋划的政治策略。他是个十足疯狂的梦想家，又或者是个极富创新性的政治家。他似乎十分鼓励个人主义以及某种程度的个人认同。他动摇了原有的复杂的祭祀体系，建立了以太阳和代表它的神阿顿为祭神的一神论，以此来控制管理众多神殿祭司的权力。他还建立了一座新的城市作为他实施新政策的标志。但随着他的英年早逝，多神制又复行，他的新政策也被人们遗忘了。

食材和工作中的厨师

墓室艺术中描绘了丰富的食物贡品，无论是献给神的礼物还是人们的营养所需。这里面有一些东西对当时的画师和受众约定俗成，我们却难以推测。我们想知道鹅是已经熟透了的还是准备放入烤箱烹饪的，还有那堆起的金黄色的、上面点缀着深色斑点的物体会是什么，以及那些面点上的斑点组成的图案有什么意义。

描述鸭和鹅如何被除毛，浸入盐水里的画面让我们联想到希罗多德的一段话："鹧鸪、野鸭和小型鸟类适合生吃，首先用盐水腌制……其余的烤熟了或炖熟了吃。"这令人想到盐水鸭的菜谱，兰诺佛夫人在1865年的《佳肴的第一法则》

古埃及人描绘的一个正在吃鸭子的女孩。

中描写的一道传统威尔士美食：首先用盐将鸭子腌干一天左右，将它浸入水中，放在一个双层蒸锅中冷却，再切成片。丰满的鸭子精致的粉红色的肉被它苍白的皮肤包裹着，看上去很像埃及食物祭祀品里的鸭子或鹅。这也许是效仿早期，将不具经济价值、不再适合继续饲养的家禽制作成可以直接生吃或烹饪的腌肉，切成薄片，就像帕尔马火腿和萨拉米腊肠一样。艺术评论家认为这些肉干是将拔了毛的鹅和鸭子放在太阳下，在空气中风干，然后再用盐腌制。但许多墓室画描绘的是将禽类除毛后，放入可能装着盐水的又大又深的罐子里。另一种腌制大量鱼

阿肯那顿、纳芙蒂蒂和他们的两个女儿，一次非正正式聚餐画面的局部，公元前1350年。

和肉类的好方法，是将鱼和禽类油炸，再用盐或醋进行腌制，类似escabeche[1]。这也许能帮助我们用另一种方式去理解墓室画作。大英博物馆里有一件十分不起眼的小物件，它是一个用柳条编织的三层架子，上面放着干燥的食物祭品，其中一格是一只鸭子的残骸。即使经过了数千年的时间，它的体积已经缩小了许多，也仍能看出这只鸭子一定是足够小到能够让公主用一只手拿着吃的。

1 油炸调味鱼，一种地中海地区的菜肴。

内巴蒙墓室中一幅描绘宴席场景的壁画的局部，底比斯，公元前1350年。聚会上的女孩们把灌注了香料的蜡筒戴在头上。

芳香的派对女孩

这些派对女孩享受着银质浅口杯里的葡萄酒或啤酒，一边扇着扇子，一边注视着摆放在旁边的食物——各种面包、一篮子无花果、鸭子和野禽、几块肉、一碗粉红色的鲜嫩的石榴、用蜂蜜加以调味的糕点，以及各种水果和蔬菜：无花果、甜瓜、黄瓜、枣子，还有用芳香植物和鲜花制作的花环项链。这些女士穿着轻柔细密的透视服，精心编制的头发（或假发）上戴着头饰，还顶着奇怪的物体——经常被描述成用香薰蜡铸成的圆锥筒。温度的升高会使蜡融化，让香气萦绕在下面的少女身上。没有人解释过她们是如何固定这个奇异的装置，还能够自在地享受美食、配合欢快的乐师演奏的

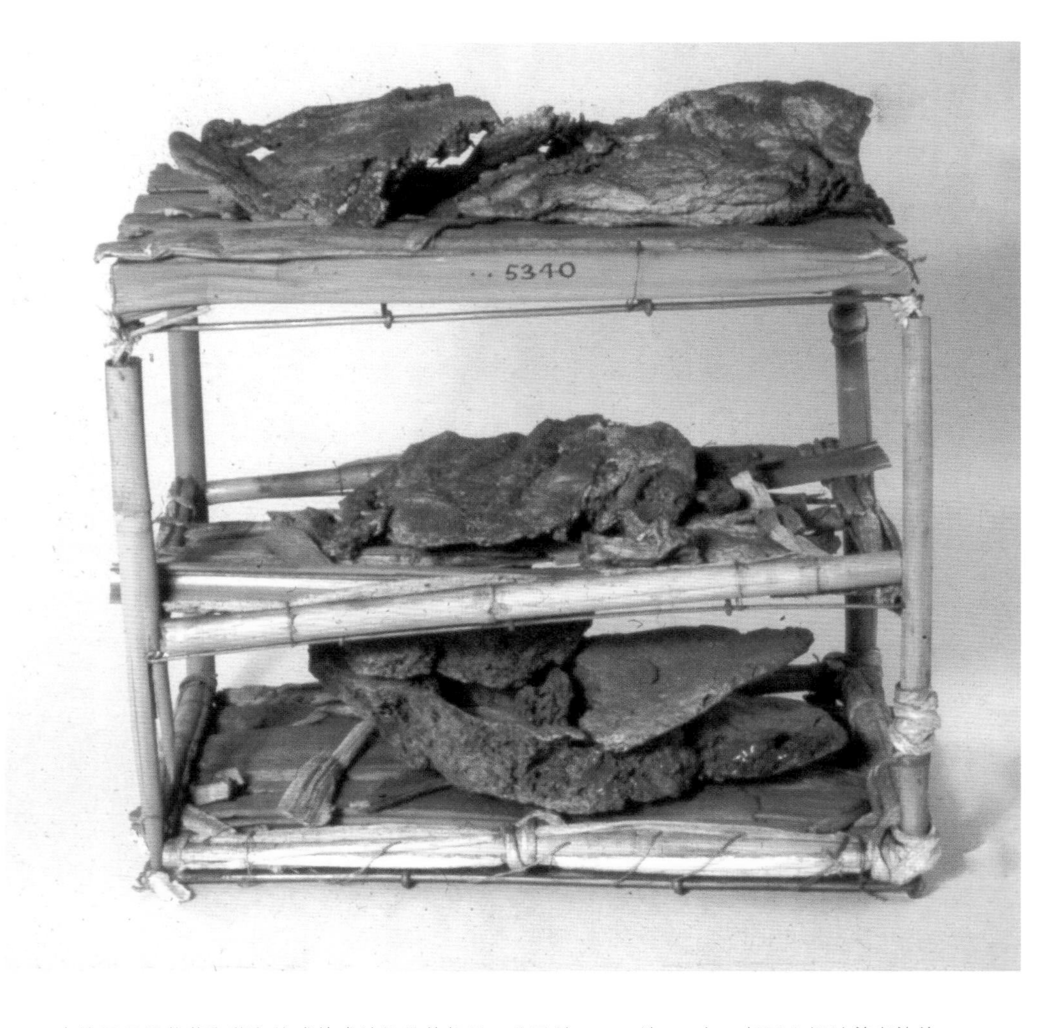

古埃及用纸莎草和藤条编成的盛放祭品的架子，公元前1543—前1292年。架子上摆放着煮熟的鸭子和面包块。

音乐精力充沛地舞蹈。残存的账目只记载着如何用花、香料、草本和动物脂肪制作药膏和香薰蜡。这让我们了解古埃及人对于气味和香薰的喜爱，但对它们的用处所知甚少。有一种说法是，那些我们在纸莎草或墓室壁画上看到的头饰只是真正的香薰蜡筒的人造替代品。那些富有的女人头上佩戴的是拥有着令人眩晕的强烈香味的蜡烛的模型。

庞贝遗址中威提乌斯之屋的壁画，描绘了彭透斯之死的故事，1世纪。

第四章 希腊-罗马时代

壁画、雕塑以及其他的幸存物和文字记录一起让我们更加了解古代世界的食物。《阿比修斯食谱》[1]也让我们得以一窥古代的美味佳肴（为富人准备的高级酱料），而诗句和戏剧展现了较为简单的饭菜，以及当时的人们对于粗茶淡饭和美味珍馐的态度。

古代世界的葡萄酒

古代世界的葡萄酒种类十分丰富，也容易制作，健康美味，但也几乎无法描述。文学和考古学为我们提供了线索，但它们并不总是一致的。从荷马开始诗人和文人学士都谈论过葡萄酒，不管是关于酒的事实描述还是关于它们的感悟，都是我们需要研究的对象。

饮酒常常伴随着宗教仪式和节庆活动，用于增添乐趣或减轻可能的伤痛。我们知道将玻璃瓶中清澈的液体倒入水晶高脚杯是一种令人愉快的享用葡萄酒的方式，但并不是唯一的。在从前，除了不同材质的玻璃杯，还有金属、陶瓷和皮革或兽皮制作的容器。

希腊的葡萄酒通常用陶制碗或双耳杯作为饮用器具，有些杯身有装饰，但大多数是以难辨别的红棕色或黑色作为酒的底色。

1 罗马烹饪食谱的集合，被认为是在公元1世纪编写而成。

一尊公元前5世纪希腊陶制双耳罐上的派对女郎。

希腊人习惯公用容器中加入掺水的特制酒，其酒和水的比例根据酒的种类和晚间娱乐的场合决定。这也许是为了避免酒醉，但似乎并不十分见效。古希腊人并不在用餐时饮酒，而是在之后的餐后酒会或座谈会上，伴随着机智和交谈产生的碰撞时刻享用美酒。“科塔博斯”（Kottabos）是一种需要技巧也有些孩子气的消遣。这个游戏是要把双耳杯中的残酒和酒渣泼向一个装饰性的机械装置。这个装置被准确击中时会发出乐音。另一种玩法是将残酒和酒渣泼向大碗中漂浮的小碟子，让碟子沉下去。玩这个游戏时，只用右手拿着双耳杯，身体要保持经典的斜倚姿势，一边用优雅且有力的动作精准地把液体弹向目标。精于此道者就和标枪高手一样受人瞩目。

葡萄酒储存在陶土制的双耳细颈罐、木桶或皮质容器内，每一种容器都会对酒产生不同的影响。在陶器内壁涂上一层树脂物质可以使容器更加密闭。正如松香葡萄酒爱好者所知，树脂会传递一种出乎意料的有趣气味。但是尽管考古学

公元前500年一尊希腊屋顶上的基利克斯陶杯上的“科塔博斯”游戏。

家能找到容器里残留物的成分，但我们还是不能对从中获知葡萄酒的味道抱有太大希望。有许多方法可以改变或提升葡萄酒的味道。最基本的步骤必然是压榨葡萄，在发酵之前、中间或之后，可以将它制熟，用盐水或甜果浆调味，再用可以增强或影响味道的容器储存。这可是专业技术，并非骗术，这一套流程可以制作出许多种类的葡萄酒供人享用，比如来自拉齐奥和坎帕尼亚之间的地区、整个帝国排名第一或第二的优质斐乐纳斯葡萄酒，或是诞生于那不勒斯附近西北朝向斜坡的清爽精致的塞伦提纳葡萄酒抑或是用丰富的本地葡萄简单酿制的日常葡萄酒，刚制作好就被酿造者和他的家人一饮而尽。当时日常饮用的葡萄酒常常受到势利和爱自嘲的诗人的贬低，比如马提亚尔。不过这些味道清淡的本地酒应该有点像卡斯特里葡萄酒，数个世纪之后在焦阿基诺·贝利的短诗和巴托洛米欧·普涅利的版画中被人歌颂着，一路从马里诺或弗拉斯卡迪被牛车带去罗马。清淡、朴实、本地制作的葡萄酒，现在都消失了，那些装在巴氏消毒过的干净而缺乏个性的酒瓶里，高度数酒精的、长期摆放在橱柜中的酒，充斥在市场上。今天，我们只能向许愿池里扔掷硬币，回想意式宽面和卡斯特里葡萄酒的时代：

再见，罗马再见……再见……[1]
我们会在斯夸洽亚利再见
为了在那古老而美好的日子里，
被普涅利赋予永恒的意式宽面和卡斯特里葡萄酒！

焦阿基诺·贝利在1834年曾评价过马里诺的散装葡萄酒已不是从前的味道，在圣马丁节前夕，市民们会在远足时前去品尝这种年份尚轻的葡萄酒：

这里的酒没有掺假，
没有硫黄颗粒式添加剂，
更不用说其他犯罪一般的增味剂。

这与马提亚尔赞不绝口的、盛产于罗马周边的一种酒很像。他在诺门塔纳大道上有一座庄园，但也有人说他是在罗马苏布拉地区的市场上买到的这种廉价酒。廉价酒中也有一些来自台伯河另一边土壤贫瘠的“梵蒂冈的田野”，那里出产质量令人不恭维的红酒：“你酒杯上的蛇是米隆的手笔吧，阿尼亚努斯——你又在喝梵蒂冈 [的酒]，那你一定是在喝毒药！”

一首无名诗赞美了路边农舍酒馆的乐趣，在那里，酒家女迎接着疲惫的旅客：

酒家女苏里斯卡，她的头发用希腊发带盘起，训练有素地合着响板的节奏摇摆着她颤动的臀部，在烟雾缭绕的酒馆中，醉醺醺地、放肆地舞蹈着，用她的肘部拍打着嘈杂的牧笛。你累了。为什么要出来待在热气和尘土

1 编注：原文第一处“再见”为意大利语，第三处“再见”为法语。

在阿拉伯半岛一座前伊斯兰时代的古城遗址地卡拉塔尔-佛中发现的壁画残片，展示了酒神巴克斯，公元1—2世纪。

之中，斜靠在你常常醉倒下的长椅上不是更好！这里有宽口杯和窄口杯、勺子、玫瑰、长笛、里拉琴，以及一座用芦苇搭顶的夏日凉房……还有刚刚从一只漆黑的罐子里倒出的普通红酒。河水流过，发出持续的咕哝声……这里有她放在蒲席上晒干的小块奶酪，和像打了蜡的秋熟的李子、栗子和诱人的红苹果……这里有血红的桑葚、一串串缓慢成熟的葡萄，以及一根挂在藤上的黄瓜。这里是果园的监护人，他有割柳树的镰刀以及吓人的生殖器作为武器。

莉薇娅乡间别墅里的蔬菜

罗马世界中的水果和蔬菜都被精准地刻画在壁画和马赛克镶嵌画中，所以文艺复兴艺术家们在探寻古典艺术的现实主义和自然的精髓时，对壁画和墓穴艺术产生了巨大的热情。“第一门”庄园的壁画就是一个灵感的典型代表。奥古斯都的妻子，莉薇娅·德鲁茜拉继承了这座位于第一门的世袭庄园。庄园坐落在弗拉米尼亚大道沿线14.5公里处，面向罗马，俯瞰台伯河谷的景致。这是一个远离嘈杂拥挤的城市，可以享受田园宁静与乐趣的地方。当室外气候炎热时，客人们可

罗马附近的莉薇娅庄园里，一幅壁画中果树上的鸟群，公元前1世纪。

以来到一间穹形的地下房间躲避夏日的高温和强光。房间的四面墙壁和顶都装饰着令人心旷神怡的树木、花朵和成群鸣禽的图画。

以成群的稀有白母鸡和月桂树园闻名的莉薇娅庄园周围环绕着花园与果园。这轻快而明亮的气氛似乎也被带入了室内凉爽的密闭空间里，这里的房间也变成了有鸟儿栖息在枝头或在头顶盘旋的月桂、棕榈和果树林。墙上绘制的23种植物和69种鸟显示了惊人的精确性。抛开可能的象征意义，还有当时约定俗成的关于花园的设计和描绘，这些壁画和其他壁画都为我们提供了这个帝国早期可食用植物和水果的有用信息。苹果、梨、榅桲、石榴、樱桃、山茱萸、野草莓都是味觉与视觉的享受，鸟类也是——野生的和家养的鸽子，以及多种至今仍在意大利遗憾地被人捕猎的鸣禽。

石榴可能是被迦太基人或腓尼基人以饱含医用性和神话性的名字“迦太基苹果”带入罗马世界的。在它鲜亮的粉红色或红色的球形外壳包裹下，果实和外衣榨出的果汁带有着些许涩口却又清爽的滋味。这些石榴壳被后来中世纪和文艺复兴时期的厨师用来装饰样貌普通的菜肴，像是biancomangiare（一种用磨碎的杏仁和鸡胸肉制作的甜浓汤）。当维苏威火山喷发毁灭了庞贝古城，许多食物都被碳化了；人们在奥普兰蒂斯发现了数以吨计的未成熟的石榴，上面覆有稻草，有可能是要用来制革的。另外，我们还知道一种名为punicum的紫色染料正是由石榴的外皮所制成的。加图和迪奥科里斯曾写过它的种植方法和用途，而普林尼则观察到石榴的假种皮是所有水果中唯一有棱角的。马蒂奥利总结了迪奥科里斯的观点，并认为石榴树与庞贝城和莉薇娅庄园里的壁画上的桃金娘有着密切关系。20世纪塞维利亚的伊本也在他的农业手册中得出同样的结论，新旧技术的共同应用创造了一个绿色革命。

植物插画的衰落和消亡

现在已遗失的西奥弗拉斯塔的医学著作用插图诠释了自然。植物插画艺术可能最早源于古希腊。西奥弗拉斯塔是亚里士多德的学生，他用课堂记录和亚里士多德的图书馆编纂了《植物研究》一书。这本书的手稿或手抄本可能配有插图，并被传阅、复制、再复制。迪奥科里斯曾制作了一个版本，并在接下来的几个世纪中成为植物医用书中的权威。

客人的打包袋?

罗马庄园里幸存的令人惊叹的现实主义食物绘画让人联想到早期自然主义

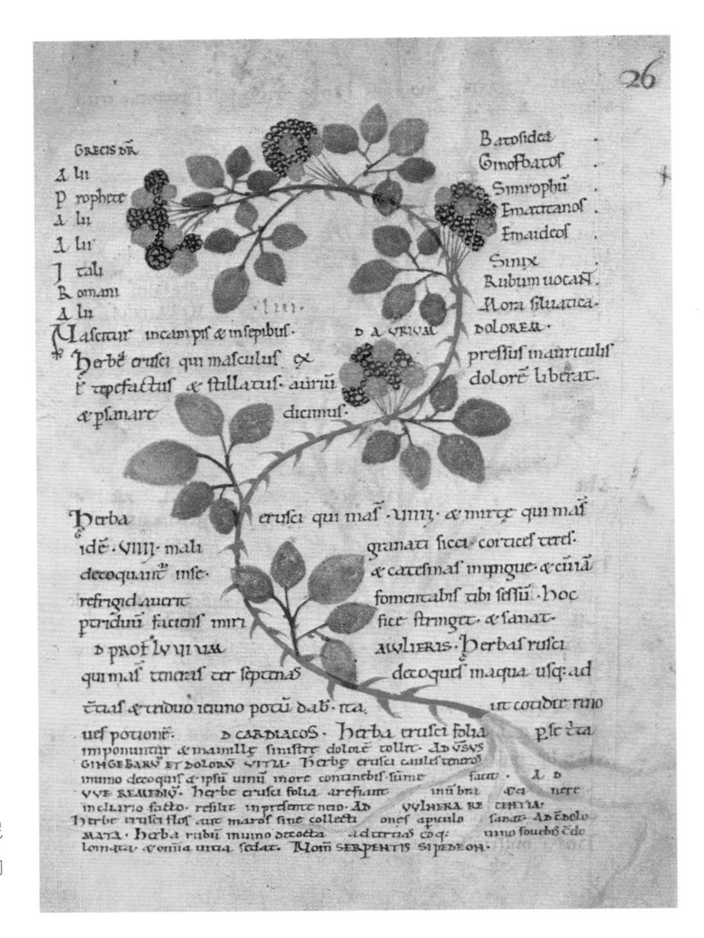

在阿普列尤斯·普拉托尼克斯的植物绘本手稿中的“黑莓”，1120年。

作品的传统。庞贝城的人口日渐增多，悠闲但不富裕的居民都住着饰有壁画的房子。专家们围绕这些由画师在院子中画下的作品展开了热烈的讨论。有人认为描绘着精致的食物成列的错视画是送给即将离开或刚刚到来的宾客的礼物打包袋，一种古希腊待客之道的存证，曾经诚恳地代表主人对客人的尊重；另一方面，这也是主人显摆财富的一种方式。另一部分人则认为这些画作是为家中神明所奉上的贡品，等于早期神殿的祭祀画。有些人从这些描绘简单、清新的田园画作中，看到了庞贝居民面对逐渐摧毁的花园和露天场所，对已无法在城市的扩张中

波培娅庄园壁画中盛满榅桲的玻璃碗，意大利托雷安农齐亚塔市的奥普隆斯古城遗址，约公元前90—前25年。

体验到的田间生活产生了一种怀旧情感。这幅油画描绘了窗台边壁架上的竹笋和装着里科塔干酪的芦苇篮，阴凉干爽的环境能使保质期短暂的食物在临近食用前保持新鲜，这是城市里的资产阶级对乡村魅力的刻意召唤。靠墙而立的牧羊人的钩子也在暗示这是从乡下刚刚获取来的新鲜奶酪，尽管奶酪更有可能是妻子从城里的市场上采购回来的。这和现在意大利的生活也很像，新鲜的里科塔干酪被塑料磨具印上纹路并控干，正是我们现在看到的用细芦苇篮装着的里科塔干酪的翻版。Giuncata是厨师巴尔托洛梅奥·斯卡皮在16世纪70年代的宴会中给另一种用芦苇容器装的精致奶制品起的名字（giunca是芦苇的意思），这种奶酪一般会在用餐时用新鲜的葡萄树叶轻轻地摇晃送入嘴中。这种传统延续了下来，将过

庞贝古城中一幅墙壁装饰画，细芦苇篮装载着里科塔干酪以及芦笋，公元79年之前。

去与现在的日常生活联系了起来，也解释了我们至今对意大利奶制品的信赖。

但在寻找日常食物的信息时，同样不应该忽视这些作品背后的哲理，这些哲理正是它们背后的驱动力。这些室内装饰者和他们的顾客都熟悉这些作品承载的自然景色。尽管这些可能是买来的现成品，但它能带来超越家庭厨房的共鸣。艺术家和顾客熟知当时的信仰和社会责任，因此对于这些“宴客图”的分析远远超出了食物的范畴。

这些画作呈现出的令人惊叹的写实性本就意图震撼人心。普林尼在《博物志》中提及一位希腊画家宙克西斯，他曾画一幅男孩拿着葡萄的画，这些葡萄逼真到引来鸟儿的啄食。不过宙克西斯对此并不满意，并说：“如果我的男孩画得像葡萄那样好，鸟儿应该就不敢来了。”

宙克西斯曾与画家帕拉西奥斯有场竞赛，宙克西斯因自己画的葡萄引来鸟儿而沾沾自喜，并叫喊对手掀开盖在画上的亚麻窗帘，不曾想到这幅“亚麻窗帘”正是帕拉西奥斯的作品。当宙克西斯发现自己的失误时，主动将荣誉让给帕拉西奥斯，坦白自己只骗得了鸟儿，而帕拉西奥斯则欺骗了自己这位画家。

那些被逼真的葡萄所吸引的鸟儿一定也会喜爱斐洛斯特拉图斯描述的无花果。他为一本那不勒斯油画集撰写了生动的注释，不过我们不知这些描叙中有多少是虚构的。其中，他描绘了两幅包含了一篮子令人垂涎欲滴的无花果的“宴客图”：“紫色的无花果果汁一滴一滴落在葡萄叶上，而它们的果皮上画着裂口，有些果皮裂开来吐出浓郁的蜜汁，有些因熟透了而绽裂……”这和奥普隆蒂斯那幅画中的那篮放在虚构的架子上的无花果一致，并且除此之外也未发现在当时与这幅画相似的早期静物绘画。有一种观点认为，当时的画家和他们的主顾深受古典文学的影响，创作多以文学性的文字出发。也许我们可以合理地猜测，他们常常能在厨房的餐桌上看到与画面中一模一样的无花果。卡拉瓦乔在安布罗画廊创作的那篮神圣的水果也许摆脱了积累已久的哲学包袱，于是能轻易地用17世纪生活的寻常一幕将我们震撼；就像乔凡娜·加尔佐尼为她的美第奇主顾创作的微型水果和蔬菜画，放在破旧的马约利卡陶碟上渗着果汁的无花果，被昆虫包围着，没有受象征主义的影响。

波培娅庄园里一幅描绘蒙着薄纱的水果篮的错视画派壁画。

斐洛斯特拉图斯继续描述画上的其他物品：一大堆栗子、苹果、梨子、樱桃，一串葡萄，半凝固的蜂巢，“以及另一片叶子上的刚刚凝固的抖动着的奶酪和一碗白得发亮的牛奶，漂浮在牛奶上的奶油使它看起来似乎在发光”。这件

“宴客图”被看作一场天然食物的庆典，这些食物自然地聚集在一起，尽管奶酪从何而来是个谜。斐洛斯特拉图斯并没有说我们应该将这幅画看作是收藏家的藏品还是真实生活中食品橱的写照，不过真实世界中食物的丰收跨越四季，秋日里的栗子，春季的樱桃、苹果和更晚些来的葡萄汇集在一起，形成了一个奇怪的组合，文森佐·坎皮在1580年创作的《水果小贩》里也不拘一格地呈现出了类似的画面。

新鲜和养殖的鱼类

希腊和罗马作家们都曾提到新鲜鱼类在美食中的重要性，以及食客对它们的百般挑剔。在庞贝的马赛克镶嵌画上就有打渔的船队靠岸的情景，许多象征鱼类的符号都显示了人们对于其新鲜度的追求。一幅人行道上的马赛克镶嵌画向人们发出能否辨认出每种鱼类的娱乐挑战，在行走间细细品味这场巨型章鱼和巨型龙虾之间的致命一战，身边还围绕着鲭鱼、鲣鱼、比目鱼、海鲂、红灰相间的胭脂鱼、鲂鱼，等等。还有一只用描绘着颜色鲜亮、栩栩如生的红比目鱼的马赛克镶嵌画进行装饰的盘子。

一只希腊花瓶画（见第69页）上，一位客人正在为自己挑选一只金枪鱼下腹的特级部位。金枪鱼和鲣鱼群有着固定的迁徙模式，这让大规模的捕猎成为可能。在人类漫长的捕鱼旅程中（从亚速海经过拜占庭，再到直布罗陀海峡，之后再从类似路径原路返回），他们通过建造专门的观察塔来监测鱼群动态，引诱它们游到逮捕栏，这种捕鱼方式与今天西西里海岸的mattanza[1]十分相似。大批捕获物被抹上盐，从西西里、他林敦和加的斯运往意大利和希腊的各个角落。鱼的下腹部自古至今一直被视为佳肴。新鲜的鱼肉十分昂贵，大多数都用于制做供储存和出口的腌制鱼肉。多尔比曾经列举过一个阿切斯特雅图的食谱：将一条成年的

1　一种意大利传统捕鱼方法，用于捕捞金枪鱼，尤其是特拉帕尼省的蓝鳍金枪鱼。

庞贝古城一幅马赛克镶嵌画中的红色胭脂鱼，公元1世纪。

大西洋鲣鱼的嫩肉简单用牛至调味，用无花果叶包裹并紧绑，再放在灼热的灰烬中炙烤。《阿比修斯食谱》中有一种为金枪鱼特制的酱料，用胡椒、茴香、百里香、胡荽碾碎和洋葱、葡萄干、红酒、蜂蜜还有liquamen[1]拌在一起煮，并加入淀粉使其变得黏稠。

古罗马的内脏和蹄子

古典文明时期和野蛮文明时期，猪都被引入过意大利。它们从希腊、罗马和地中海，以及后来异教徒时期的欧洲灌木丛和森林，经过中间地带阳光普照的伊特拉斯坎领土，到达意大利。罗马人大量饲养繁殖猪，它们在那里被制成熏火腿和香肠，以及一些我们已经不再食用的美味——子宫、阴户和乳房。**Porcus**（一种意大利美食）也有阴部的意思，安德鲁·多尔比称，这些器官和身体部位曾经

1　一种鱼制的酱料。

庞贝古城中一幅鱼类装饰画的局部，公元1世纪。

是最受人推崇的猪肉美食。porcellana，瓷，用来形容精致的洁净而光滑的白色陶器，也被用来形容猪白净丝滑又柔软的子宫或乳房，就像珍贵的中国瓷器。精心烹饪过的阴户和子宫是宴席上的菜肴，而不是“可怕的料理”。事实上，就像如今意大利人喜食内脏一样，阴户和子宫也曾被烹饪，供人享用。与纤维感十足、干干巴巴的腌火腿和肩肉相比，作为生殖力旺盛的母猪的生殖器官，它们必然有着更丰富的脂肪和油腻的质感。

屠夫的身份也会体现在墓碑上，我们可以在那些墓碑上看到熟悉的和不熟悉的肉类部位，像是高卢的一座墓碑上就刻画着猪的乳房还有一些连骨肉和火腿。罗马的一块墓碑上描绘了一个胖妇人正坐着核对自己的购物单，屠夫在一旁准备她所需的肉。还能看到挂在一根棍子上的猪头、乳房、一些内脏、一对猪蹄、一只火腿和一挂熏猪肉或是肋排。来自突尼斯的装饰感十足的马赛克镶嵌画中，还能看到零散的猪

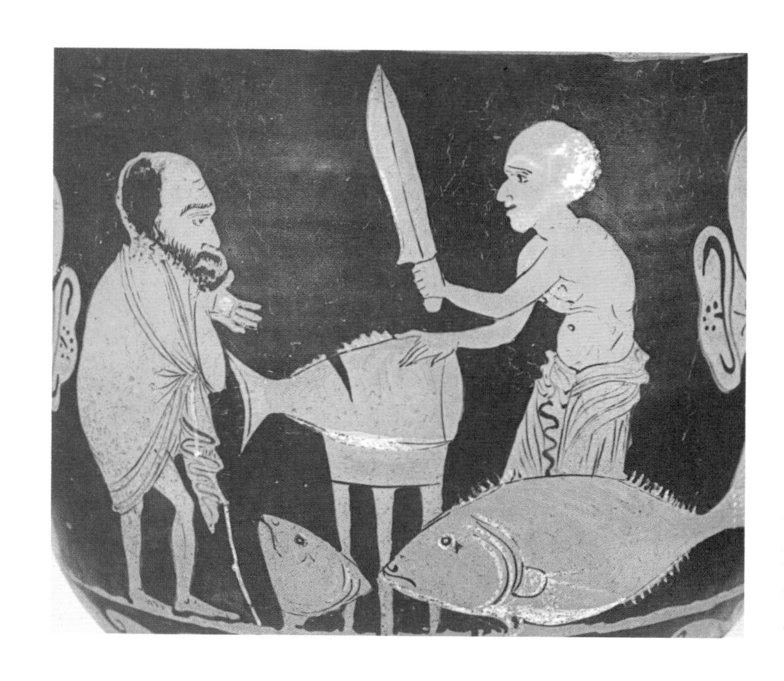

一只希腊红纹双耳陶罐上贩卖鱼（特指金枪鱼）的情景，公元前370年。

蹄被月桂树叶包裹着的画面。

一幅来自庞贝的壁画描绘了一只即将被烹调的兔子正在大力咀嚼着无花果的画面。这幅作品中的可怜生物还天真地享受着酱料的原材料（用未发酵的葡萄汁煮无花果），对即将到来的命运一无所知，诗人、伦理家和艺术家都曾提及这种讽刺。另一幅壁画中展现了一只小公鸡吞咽葡萄的情景，让人联想到马蒂诺的酸汁鸡的食谱。

幸存的艺术品中关于罗马快餐和宴席的信息极少。有关宴席场景只展现了礼仪和习俗，关于烹饪本身的信息甚少，不过文学中留下的线索为我们栩栩如生地展示了苏布拉，这个罗马备受欢迎的角落，及其周边贵族饮食场所热气腾腾的生活细节。奥斯提亚和庞贝的考古发现让我们对当时快餐店的结构有了些许了解。客人们可以待在有着大理石穹顶的酒吧（有着用碎大理石装饰的华丽地面，还有墙上放置冷菜或热菜的凹洞），也可以在内部庭院用餐，甚至还有带有妓院设施的隐藏房间。香肠似乎成了最受欢迎的食物：它们可以预先准备，如果需要可以

庞贝壁画上的兔子和无花果，早于公元 79年。

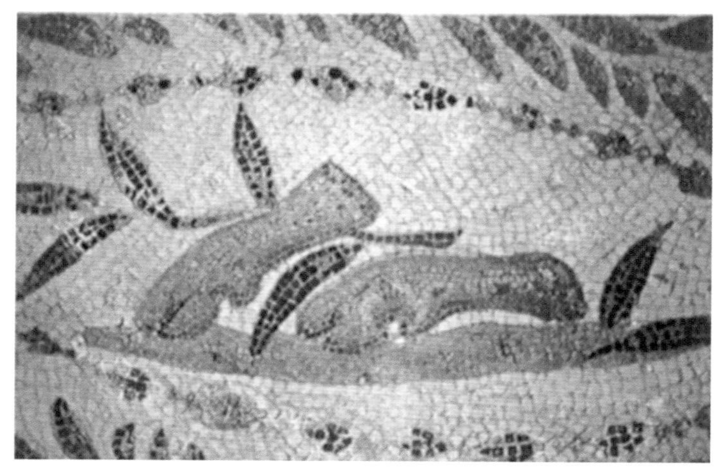

一幅来自蒂斯德鲁斯（埃尔杰姆）描绘猪蹄这种美食的突尼斯马赛克镶嵌画，公元250年。

腌制或晒干，之后再油炸或煎烤，成为美味的掌上点心。行军队伍也会带上腌制好的香肠，快速烹饪好后，便可加上干面包或燕麦饼一起食用。最好的香肠来自南部的卢卡尼亚，这也成了罗马时期一种香肠的名字。在一则关于美食的传说中，罗马军队带着这种美味的香肠去往北上的征程，并将这种精致的美食带到了粗野的伦巴第人那里，成为至今流行的当地美食卢加尼加香肠。

一位正在制作香肠的工人，一座来自帕尔马洗礼堂的浮雕，贝内德托·安特拉米的《月之轮回》的局部，12—13世纪。

罗马本土烘焙的繁荣

面包师马库斯·维尔吉利乌斯·欧里萨切斯可能拥有最华丽的墓碑，他是一个当地的新晋暴发户，想要用墓碑来炫耀他的财富和成功。他的墓碑跨坐在从南面进入罗马城必经的普瑞尼斯缇娜和拉比坎纳两条大道上，高约10米，可以俯瞰整个城市，告诉每个进入罗马的人他欧里萨切斯和他的妻子阿缇斯西亚的成就。墓碑的设计十分简单粗暴：一块石灰制造的光秃秃的底座上竖立着实心圆柱群，在这之上架构了一面有着圆形切面穿孔的墙，这样的构造令人想起了那些揉面团的机器，而与经典设计格格不入。这是将他烘焙手艺的机械本质的高度复制，就好像那些和面机大规模地将原材料加工成面点，在这里显示出了对传统墓碑设计毫无忌惮的轻蔑。

罗马人拥挤的小屋子里容不下烘焙用的烤箱，人们的生存依赖着大量便宜又美味的面包和新鲜的水源。一幅壁画上的庞贝面包商店展示了典型的面包、面包卷还有像水果馅饼的东西，也许和加图在他关于奶酪蛋糕和酥皮点心的清单中提及过的*libum*和*placenta*差不多。我们试着解读了加图书中制作这两种精致面点的复杂工序。一种是用羊奶酪制作的开胃面点，另一种是用里科塔奶酪和蜂蜜制作的甜面点，两种都用月桂树叶烘烤而成。

蓝领厨师

在学者萨利·格兰杰所编纂的那本实用且充满启发性的《阿比修斯食谱》一书中曾提到，在古代罗马，作为“蓝领工人”的厨房奴隶与指挥他们工作的美食家有着天壤之别。这本食谱合辑也许与那位痴迷于美食的美食家马库斯·加维乌斯·阿比修斯毫无联系。阿比修斯曾在公元1世纪远赴中东寻找世界上最大的虾。他作为挑剔又富有的美食家的名声与古代世界，尤其是讲究烹饪的罗马，紧密相连。意大利人类学家巴特鲁姆·普拉提纳和他的同伴们得到了一部加洛林王朝版本的《阿比修斯食谱》，他们热衷于在15世纪的地下墓地里穿着长袍模拟异教徒的宴席场景。

《阿比修斯食谱》由厨师们撰写，也主要供厨师们阅览，因此书中的语言略显粗糙，但书中的食物本身是十分精致而美味的。同一时期妙笔生花的诗人和作家继续描绘着暴发户奢侈的食物，以及同样具有误导性的，用卷心菜和干豆作为简单一餐的虚假的简朴。这让我们很难准确地了解到罗马食物的真正面貌。戏剧和诗句中对于香料配方和食材的夸张表述会让我们产生误解，而我们对于他们说了什么，为什么这样说的理解也与实际有所偏差。

当食物和烹饪被用作隐喻，或用来表达戏剧和美食之间的相似之处时，像普劳图斯[1]和希腊喜剧所做的那样，我们更难弄清厨师们到底做了什么。我们可能会被食物的双重含义所迷惑，被评论家弄得晕头转向，这都是诗与戏剧的本质所致。艾米丽·高尔斯在波涛汹涌的希腊喜剧的海洋中航行，她将食物看成“一种物体或隐喻，一种隐约象征着脏乱污秽的物质，它加强了喜剧诗人所创建的欢愉的脏乱氛围”。面对一方面可能只是纯粹描述所需食材的购物清单，另一方面可能是为“喜剧大杂烩”的戏剧参考，我们感到十分困扰。艾米丽从作家亚历克西斯的著作中找到的食材包含有碾碎的葡萄干、香芹、茴香、芥菜、包菜、罗盘草、干胡荽、莳萝、酸豆、牛至、百里香和芸香。这看起来似乎是十分美味的组合，从其字面理解，并没有十分明显的喜剧意味或包袱，当然是否美味则要取决于厨师能否用敏锐的烹饪技巧处理这些基础的食材和调料了。

面包师欧里萨切斯和他的妻子阿缇斯西亚的墓碑，罗马，公元前50—前20年。

乳房和子宫

学者们继续寻找厨师和他们烹饪的食物所代表的喜剧包袱或喜剧主题的例子，而厨艺学徒们则将它们视为可信而美味的食材组合。古典作家们对于戏剧中香肠的可疑成分嗤之以鼻，也质疑那些工艺繁复的酿馅猪（牛）子宫或乳房食谱

1 Plautus（公元前254—前184年），是古罗马最重要的一位喜剧作家。一生写了130部喜剧，流传下来20部，包括《孪生兄弟》《一坛黄金》和《撒谎者》。

庞贝一幅壁画上的面包房，展现了各类面包和糕点，公元79年之前。

是否为现实的菜谱带来了误导。那些食谱的制作需要复杂的食材、厨师精湛的技巧以及繁复的工序。我们之前已经见识到了牲畜的乳房和子宫是如何被誉为美食（就像文艺复兴时期一样），而制作香肠也需要精湛的技艺。妊娠期的猪子宫尤为珍贵，特别是它往往是通过流产这种手段而获得的时候。这并不是暴食症或变态的口味，子宫本是一个用于滋养新生命的器官，它精致、柔软而多汁，比身体其他部位更有营养。很久以后，我们在斯卡皮的食谱中再次发现了子宫和乳房，这个名为zinre di vaccina的食谱是将这些食材煮熟，再放入馅饼中烘烤，或是用肉汤炖煮，蘸上鸡蛋液油炸，最后和柠檬一起盛盘，用鲜艳的蓝色紫草花点缀后献上。

食物历史学家将可疑的香肠和判断有误的酱汁留给剧作家和评论家，而是通过文学中的隐喻来判断厨房里到底发生了什么，然而我们得到的只有碎片的信息。比如，罗盘草可能被诗人嘲讽，也许这些诗人认为它刺激的味道像是厨房散发出的污秽气味。但是美食爱好者们知道它是一味珍贵而几近神奇的调味品，只需一小撮粉质的松香就能为酱料提升难以描述的香味。还有我们最熟悉的在印度料理中使用的阿魏。无须怀疑它的昂贵与珍贵，毕竟这是历史上唯一由于其太受欢迎而最终灭绝的调味品。

垃圾箱里的财富

通过考古发掘得到的关于罗马厨房的信息比在艺术品中得到的多得多；和宗教或豪华宴席有关的物件是可识别并有价值的，但类似过滤筛、用于烹饪的大锅和煎锅这类普通厨具则当作“某种用途不明的可能用于仪式的物品”被弃掘或忽视。考古在烹饪区发现了一些典型的隆起结构，下面有放置柴火和木炭空间。从残留物可以推测，这个厨房具有移动性，倾向一边的结构使产生的烟远离房间中的生活区域。这便是野外厨房的原型。考古中还发现了可移动的火炉和炊具，以及遗留下来的大锅和煎锅，这使我们可以推测它们的过去。在今天，粘着脏东西的锅对于考古来说是件宝贝。这些本应被刷掉的污物现在来看是丰富的资源，可以利用各种技术对其进行检验分析，以分析食材中的成分以及它们是如何被烹饪的。垃圾箱变成了宝物箱。

街边小吃和外卖

由顾客和他们的家庭管家们创造的精致料理往往会交给奴隶或仆人、蓝领工人完成，与希腊那些因厨艺和知识而富有声望的厨师不同，这些人大多是文盲。我们之前已经见识过一位眼光犀利的客人买下一块美味的金枪鱼肚子的情景。艺术品中常常出现华丽的宴会场景，但关于菜肴的描绘却十分含糊。在许多年以后的意大利和低地国家的艺术作品中，我们才看到充分展现厨房细节的画面。

与此同时，大批的罗马民众挤进了没有厨房的高层建筑，他们开始享受街边小吃——香肠、肉丸，还有更加便宜的炖蔬菜和豆子，以及烘焙小摊上的各类面包。霍勒斯[1]介绍了一种青葱加上鹰嘴豆外加半升葡萄酒的简餐，可以在傍晚从公共浴室回家路上的小摊上享用。庞贝的考古结果表明当时快餐店的柜台会被挖空用来展示食物。下面这幅浪漫的19世纪彩色平版印刷画为我们展示了在气候舒适的时节，去公共空间用餐的乐趣。

奢侈的蔬菜：芦笋和洋蓟

芦笋在古代世界就为人所熟知，成捆的新鲜芦笋常常出现在壁画和马赛克镶嵌画中，就像我们在上面看到的，芦笋和精选的鱼类、鱿鱼、贝类以及一大串新鲜枣子一起被拼绘在装饰画上。其他植物的嫩茎也和芦笋有着相同的食用方式——泻根和啤酒花，小提琴状的蕨类植物以及野生芦笋，通常仅用盐和橄榄油进行调味并食用。泻根的花曾出过现在许多泥金手抄本中，也在《维斯康蒂时祷书》中作为装饰页脚。这里不再是幻想中的植物，而是真实的花与动物一起出现。一般意义上，野生植物可以供所有人食用，但培育丰满的芦笋是富人才能享用的美味。普林尼对来自拉文纳的大芦笋叶赞不绝口，这种芦笋仅三个就重达将近450克，快速煮熟即可食用，就像奥古斯都大帝创造的那个形容他果断而坚决的政策的短语“像煮芦笋一样迅速”。早前庞贝一幅精致的壁画（见第64页）就描绘了这样的新鲜农产品组合，一捆芦笋倚靠在两扇敞开的窗户之间的墙壁上，左右两边的窗台上还放着两个装着里科塔干酪或新鲜奶酪的芦苇篮。19世纪后期，波河流域肥沃的土壤是种植芦笋的理想之地，正如《健康全书》中所展示的

1 Horace（公元前65—前8年），古罗马文学“黄金时代”代表人物之一，代表作有《诗艺》等。

19世纪绘制的罗马街景复原图，描绘了一间街边的小吃店。

一幅2世纪的马赛克镶嵌画，来自罗马附近的托尔·马兰西亚的古代庄园，描绘了芦笋。

情景：疲惫的农民收割大批的庄稼，在另一版本的作品中，还能看到一对精致的夫妇在他们自家的花园中小心翼翼地收割着竹笋的画面。

洋蓟特有的装饰性使它在历史上常常出现在艺术家热情洋溢的作品中。洋蓟起源于野生的蓟科植物，早期它们在地中海地区被培植并供人享用。后来，在阿拉伯人统治期间，它们也出现在了西西里、西班牙以及意大利南部。除去它装饰性的卷曲叶子以及茎的时候需要运用到一些园艺技巧（类似我们现在的荆棘蓟），要获取其内部可食用的柔软叶子，必须先将外面尖锐刺手的花序拨开。来自安提俄克“饕餮之屋”的一幅马赛克镶嵌画为我们展示了罗马时代的冷餐：用托盘盛着的美味、用鸡蛋杯托着的鸡蛋、一对诱人的猪蹄、一些奶酪（看起来很像现在意大利南部和土耳其某些地区盛产的可以拉扯的奶酪），以及两只直立的洋蓟，

收割芦笋，来自14世纪后期伦巴第的手抄本《切瑞蒂家族的四季》(《健康全书》的医用手册版本)。

还有一些装着调味品的小碗。这正是被霍勒斯和无数作家描述过的典型的日常生活的画面。它们作为小吃被诗人和哲学家们所钟爱，这幅作品充分展现了新鲜农产品制作的轻食的魅力。

诗人和农民的食物

维吉尔的诗中有一段恰如其分的描述，农民西姆勒斯用日常所需的食材制作了一种十分鲜美的调味料，他在自己简陋的家中，将未发酵的面包干放在土陶瓦片上架在炭火上烘烤，再蘸着鲜美的酱料食用。这位诗人用类似书信的文体，富有同情心而准确地描绘了乡下人淳朴的生活、苦难，以及其中如画的细节。建造

农民夫妇在制作*moretum*[1]，意大利，1450年。

了罗马帝国的农民和战士有着怀旧的饮食口味，他们喜爱豆子、廉价的蔬菜、面包和油，也不再厌恶有着刺鼻气味的大蒜和大葱。诗人和上流社会人士难以察觉到他们在厨房工作的佣人们的苦恼，而这首诗的作者观察到了，并深深理解着农民的艰难生活。他描述了西姆勒斯是如何在石钵里加入盐、橄榄油和醋，将草本、大蒜和奶酪捣碎。他选择的草本有芸香、芹菜叶和胡荽，奶酪则是来自成年山羊或绵羊，被挂在家里的烟囱下熏烤，可能就像后来复原这个食谱的名厨所说的罗马诺干酪一样有着刺鼻的气味。有人认为这是早期的香蒜酱（pesto），也有人将它看作一种涂抹干酪，因为农民最终将捣碎的奶酪制成了十分坚固的球状。但是大量的大蒜（四个辛辣的蒜瓣，去掉未成熟的顶端、洗净，磨成黏稠的糊状）让人想到蒜泥酱（aïoli）。用更多的油和更少的奶酪也能

1 古罗马人食用面包时涂抹的酱。

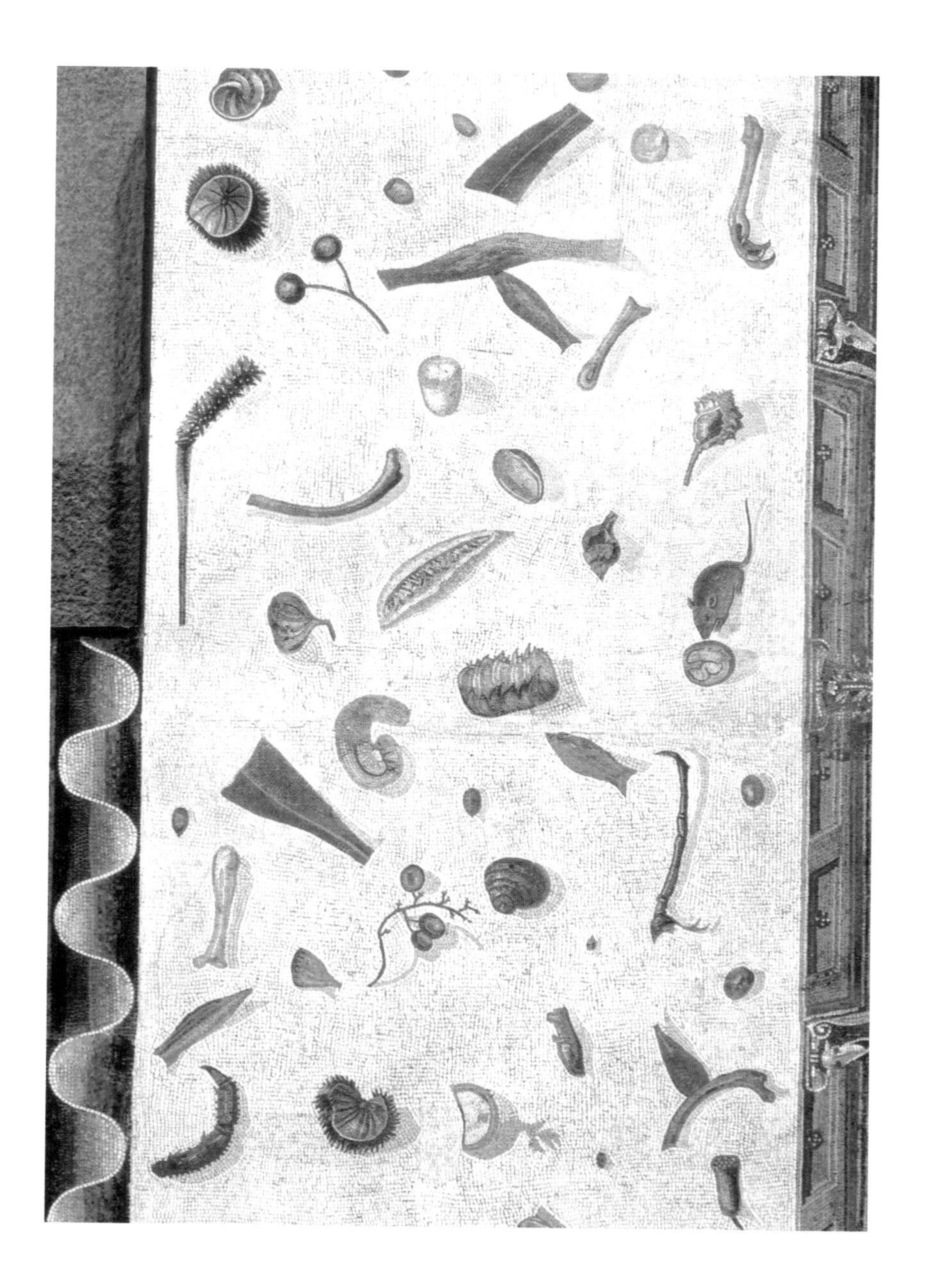

一幅运用了错视画法的地板马赛克镶嵌画的局部，署名“赫拉克利特”，公元2世纪。

做出同样美味的酱料。事实上，草本和其他调味品的选择应该是随机的，不像今天教条式地一定要用罗勒来制作香蒜酱。

这位诗人或许是故意让农民选择粗鄙而刺鼻的草本，他的读者会对大蒜的数量感到震惊和恐惧，也会因用石磨或挥动沉重的杵捣将麦子在石钵里磨成面粉的辛苦劳作感到战栗。这首诗是为一位清闲的绅士所写，他可能对《阿比修斯食谱》里那些由奴隶厨师为尊贵主人制作的精致繁复的酱料十分熟悉，而自己却从未踏入厨房半步。

这首诗告诉了我们，寻常人家是如何用廉价而丰富的植物和种子来为食物调味的，使用它们的证据可以追溯到铁器时代。这与权贵阶级迷恋的昂贵而富有异域风味的香料形成了巨大反差。穷人的食物并不一定是无趣和无味的。这些草本包含了荷兰芹、百里香、胡荽、罗勒、鼠尾草、迷迭香、独活草、茴香、芸香，以及各种野生草本，例如叶子拥有特殊气味，能为沙拉带来特殊活力的芝麻菜和蒲公英，还有着清脆而辛辣的根部，既可烹饪又能生吃的小萝卜、大头菜、牛蒡、胡萝卜、风铃草、鸭葱。这些植物大多种子丰富、价格低廉，包括茴香、胡荽、茴芹和芥菜。

这些与《阿比修斯食谱》有关的食谱在公元4世纪被整合在一起，其中使用了很多本土的草本和调味品：牛至、百里香、胡荽、薄荷、莳萝、欧芹、香薄荷、芸香、独活草、月桂以及桃金娘果，比较少的香料（主要是胡椒、姜、茴芹、胡荽籽、小茴香，以及更少用到的小豆蔻、肉桂和丁香），还有鱼酱和鱼露，就像下文所述。

后来的烹饪手抄本和书籍中通常收集的是关于富人的饮食信息，而很少花篇幅去描述那些常见的调味品。他们详细描写了各种香料与香料的混合物，却只是偶尔才提到寻常草本和种子。不过到了文艺复兴时期，新的料理将会引领一种采用新鲜的本地草本的崭新烹饪方式。

罗马膳食

我们已经见识到了在复杂的文学和艺术中稀少的证据，以及遥远的《阿比修斯食谱》里十分有限的食谱信息中寻找我们想要的答案是多么困难。那些资源让我们了解到了廉价的路边小吃和贪婪造成的浪费。视觉信息有时会令人疑惑——究竟什么样的人才会欣赏如本书第81页那种“满地狼藉”风格的地板马赛克镶嵌画。用残羹剩饭作为室内装饰恰好反映了罗马富人的古怪品味和习惯。布满鱼头、洋蓟叶、水果皮、坚果壳，以及鸡骨头、蜗牛壳、熟透樱桃的地板，固然不那么具有装饰性或赏心悦目，却可能为我们透露出罗马人日常饮食的秘密。

一块在阿伯莱姆诺发现的皮克特石碑，上面是关于公元8世纪的一场战争的描绘，安格斯，苏格兰。

第五章 在『黑暗时代』大快朵颐

近期的研究正在为“黑暗时代”恢复声誉，我们可以看到作为生活的一部分，当时的食物绝非野蛮粗鄙。作为一位权威的女性统治者的葬礼祭品，烤乳猪暗示着一个精致的料理体系。那些琥珀和金子象征着席间的烈酒，为战斗中的士兵们带去团结和勇气。

铁器时代英国的葬礼筵席

罗马文明在黑暗时代消失了，但他们分享食物和享受美食的习俗延续了下来。我们没有找到铁器时代晚期人类的文字记载，我们甚至不知道那些曾经生活在约克郡东部的人的名字，只知道后来维京侵略者称他们为“Wetwang”。他们在那里有一片很大的坟墓和宅地，考古学家们试图从那些剩下的木炭和土壤中重建他们日常生活的方方面面。但是许多东西都被潮湿的土壤腐蚀了：木头和纺织品消失了，只有金属和珠宝幸存了下来；二轮战车和独轮手推车只能从发掘地点的土壤颜色和纹理去推测原本的木头框的样子；生锈的车轮框和马鞍、长矛和盾是和一位重要人物一起埋葬的所有物品。

那些鲜艳的羊毛服装和进口的丝质长袍留存了下来，只剩下薄薄的碎片，而战车和家具上绘制的图案永远地消失了。那些广泛运用在珠宝、马鞍和武器上的精美设计保存了下来。一个厨师可以用简陋的铁质安全别针将他粗糙的羊毛外套别

铁器时代的挽具配件，公元1世纪，瓷釉青铜。

起来，而他的主人则用一支价格不菲的胸针固定他那颜色鲜艳的华丽服装。也许主人们还会要求食物像上面展示的，带有抽象花纹和明亮色彩的玻璃和珍贵石头制作而成的挽具那样复杂奢华，并在来自拉登文化的，有着复杂的抽象纹理的抛光铁质或铜制镜子前细细端详自己的华丽装扮。

利用钙氮稳定同位素分析法，对我们在铁器时代的墓地和垃圾堆里找到的骨头进行了严密的检验，从中可以发现，“Wetwang”的所有社会阶层的膳食中都含有充足的肉类和奶制品。骨头上的刀印显示了那些食用动物是如何被屠宰和分解的。金属大汽锅和陶罐遗存了下来，许多带有残留物的器皿向我们透露了关于食物是如何被烹饪和食用的信息。我们猜测这些权贵对食物的品味和他们的衣着饰品一样精致，而厨师也能熟练地为其主人提供像他们的华服一样复杂而美妙的食物。这并不是毫无依据的。

一份墓室残留物的检测报告清晰地显示出，这里有一只烤焦了的乳猪鼻子和

一口公元1世纪的罗马-不列颠系铜合金大汽锅。

一对猪蹄，当然，这一定不是出自一位合格的厨师之手，合格的厨师必然懂得如何避免将如此娇嫩的肉烤焦。这头小猪很有可能是祭祀仪式的牺牲品，而不是真正的菜肴。如我们所知，相比于我们功能不全的家庭烤箱而言，叉烤能制作出更加美味的菜肴。提起铁器时代的饮食就觉得原始的印象更多来自对大汽锅和叉烤的多功能性的忽视，而非确实的证据。

谷物（大麦、小麦、二粒小麦和黑麦）制作的菜肴也许常伴随着扁豆、豌豆等豆类，再用已被植物考古学家辨认出的各种辛味草本和植物进行调味。用茴香、莳萝、薄荷和芥菜调味的乳猪，伴上用酢浆草和水芹调配的沙拉想必是一份佳肴；也许这就是为什么最近挖掘出的一尊“Wetwang”高贵的女性统治者的尸身旁整齐地摆放着一列烹饪好的猪肉。

铁器时代的家宅大多是以灶台和火炉为中心的圆形小屋。灶台上悬空架着便于厨师操作的大气锅或者精心制作的烤肉架，他们也会在熄灭的炭火灰上放置烹饪用的陶制锅。还有用于研磨谷物和种子的手推石磨，操作起来十分费劲儿。也许“Wetwang”妇人们肩膀患上的关节炎是由于家务所致，而非战事。

卡特瑞斯的蜂蜜酒和战败

由于没有葡萄藤，蜜蜂在北方被大量养殖。将它们产的蜂蜜制成蜂蜜酒是件十分容易的事，只需将选择的调味剂加入蜂蜜和水中煮沸、发酵即可。这样酿造的酒可以是强劲而芬芳的，也可以是清爽而温和的。浓郁的蜂蜜酒浓烈、强劲、色泽金黄。7世纪早期，阿内林的诗中也充满了金黄的色泽，他是公元600年在卡特瑞斯（也许是在约克郡的卡特里克）被盎格鲁人打败的英国军队中为数不多的幸存者之一。

去了卡特瑞斯的人，他们出名了。
金色酒杯中的葡萄酒和蜂蜜酒是他们的饮品，
这是会被载入史册的一年，
三百六十三名戴着金色项圈的战士。
他们中的所有，在过多的酒饮之后，
只有三个在战斗的勇气中获得自由，
艾龙的两只战犬和可怜的塞侬，
还有我自己，浸满了鲜血，为了我的歌谣……

阿内林受了重伤，他躲在石头后面，在这场结局已成定数的战争中，痛苦地在加入他的伙伴，还是活下来，用他的诗句见证他们的勇敢之间做出选择。《高多汀》[1]并不是这场战役的叙述或是政治事件的寓言，而是为每一位战士树立的鲜活的纪念碑，赞扬他们的品德和功勋，也是他们战争失利的一首凄凉的挽歌。

因为他们享用的葡萄酒宴和蜂蜜酒宴，
战士们在战斗中获得名声，不再顾虑生命。

1　Y Gododdin，是一首中世纪威尔士诗歌，由吟游诗人阿内林所著，讲述了牺牲于卡特瑞斯之战中，对抗德伊勒与伯尼西亚的盎格鲁人的故事。

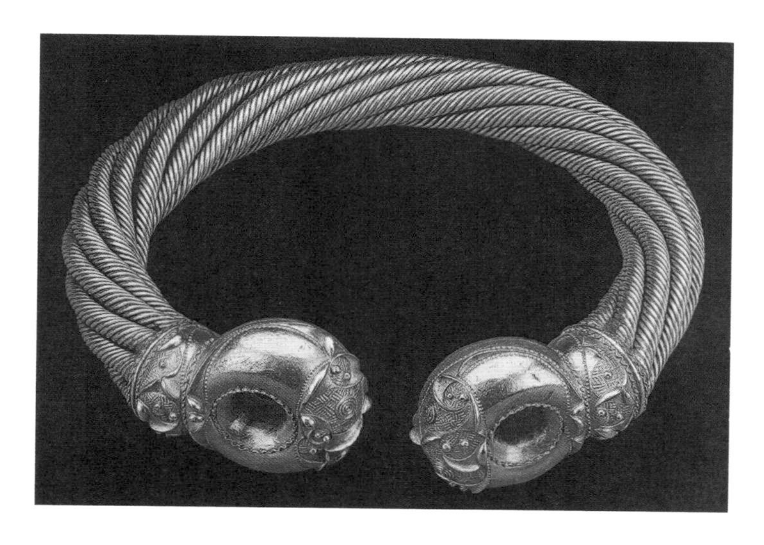

公元1世纪在诺福克发掘的黄金“斯内蒂瑟姆大项圈”。

> 耀眼的军衔围绕在酒杯旁，他们加入了酒宴。
> 葡萄酒、蜂蜜酒、蜂蜜麦芽酒，都是他们的。

金色项圈、金色高脚杯和金色的蜂蜜酒以及琥珀象征着统治者和他的战友之间的联系。他们团结的精神在宴席和畅饮中更加巩固了，一个被嘉奖予蜂蜜酒的战士不是一个嗜酒的酒鬼，而是一个勇气与忠诚值得被信赖的人。因此，诗中的宴饮并不是战争失利的原因，而是一种政治巩固和团结军心的方式。当一名战士或首领被奖赏蜂蜜酒，就意味着他是个值得信任的同伴或下属。而在战争中，饮用蜂蜜酒和葡萄酒或啤酒可能也是为了巩固军队的团结和忠心。在之前许多战争中是如此，在这次的战败中也是如此。资料中的大量饮酒也许意味着他们即将为某个战略准备好了进攻，并不是肆意放纵。从诗中来看，他们也酿制了麦芽酒，但也许是为那些未被记载的无名步兵准备的，他们也和300名骑兵一起被杀害了。诗中提到的蜂蜜麦芽酒是一种用麦芽酒和蜂蜜酒混合的饮品。

用带盖的餐盘将烤野鸡献给一位重要官员，《健康全书》，伦巴第，14世纪。

第六章 中世纪

中世纪的宗教主题和世俗主题艺术品中随处可见关于日常食物的小插曲，它们可能出现在圣经故事手抄本的插画里，或是穿插在传奇或政治事件中的宴席场景。

用餐礼仪

自古，宴席就作为一种政治手段用以巩固政治联盟的方式，用来表达与朋友、潜在朋友、中立的熟人以及已知的敌人间的团结。就像冰岛的萨迦所揭示的，分享食物和饮料使气氛变得友善而愉悦，有助于外交事宜的进程，也是蓄谋暗杀的好时机（但他没有告诉我们任何关于食物的讯息）。一场盛宴也是展示财富和权力的场合，主人在食物和酒水上的昂贵开支也是为了巩固政治上传递的信息。

在中世纪，人类害怕被刀剑刺杀，更害怕微妙的毒药暗杀，并因此出现了某种餐前必备的仪式。精心设计的食物试尝动作和将罐中的酒倒出试饮的动作都是为了预防有人在饮食中下毒的措施。

在将美酒献给他的主人之前，中世纪的斟酒者会从餐具柜上摆放整齐的宴会酒罐中选取一个，揭开华丽的盖子，将一层纸巾放在高酒杯上，递给接洽的侍者，再由他交给专门负责试酒的仆人。在这之前，饥渴的君王甚至都无法闻到那美酒的香气。

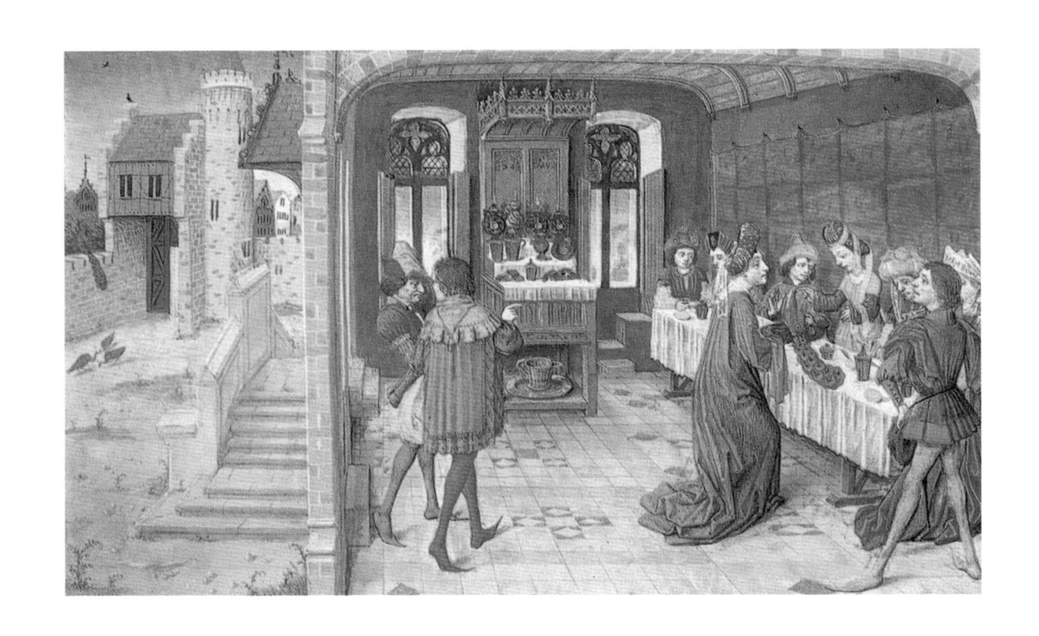

《呈上孔雀馅饼》，摘自泥金手抄本，注意画面正中的餐具柜。

这种放置食物和酒水的餐具柜或小餐车在意大利被称作credenza，一个蕴含着信任和信念的词语。在尊贵的用餐者放心享用餐食之前，食物和酒水就在这里被用精心设计的仪式进行尝试。从厨房到餐桌之间的路程也存在着危险，因此烦琐的试尝步骤包括了用带有华丽绣花和流苏的餐巾包裹盛食物的餐盘，再将它们炫耀似的展示在餐桌上。将这种带有装饰性刺绣的亚麻长桌布优雅地处理成为餐桌礼仪的一部分的本意，是为了避免食物上桌时可能出现的任何干扰和破坏，同时也使食物保持热度。配套的桌布和长餐巾在餐盘上卷成旋涡状，既实用又具装饰性。

餐具柜由一组水平的阶梯式层板组成。层板上可以放置装盛食物的小碟和大圆盘，而这种结构是炫耀物件的理想选择。另一方面，在宴席进行当中，这些华丽的金质和银质的盘子可以被洗刷干净并持续替换上去，使宴席得以进展下去。

《希律王的盛宴》，板面蛋彩画，弗朗切斯科和拉法埃洛·博蒂奇尼。

在许多后来的油画中都可以看到四处寻找干净盘子的仆人，因为他们要一道接着一道地上菜。中世纪的宴席画面还展示了哥特风格的餐具柜，它们非常有宗教感，像是祭坛艺术品。还有nef——一种精致的船形盐碟，也会与用珠宝装饰外壳的高脚杯和水壶一起出现在画作中。餐具柜里还有一个方便放置预先准备好的冷盘的平面，这些冷盘也会经常出现在宴席的各个时段。维多利亚时期对于“滚烫”食物自命不凡的偏好掩盖了温热菜肴的乐趣，因为当食物温度冷却到室温时，口味才会变得更加浓郁。

切割食物的艺术

挑选、分割、切配，以及将食物分给同席的宾客，这些

侍者正在呈上菜肴，出自“格里塞尔达故事的画师”15世纪90年代所创作的一幅板面油画的局部，描绘了薄伽丘笔下的《忍辱负重的格里塞尔达》中的一幕。

礼仪都是用餐者需要学习的技能，就像侍者和分餐者要学习如何将食物献上餐桌一样。一整只烤禽或烤兽即将献上，它被举在空中，通常用长长的亚麻餐巾裹住，这不仅仅是为了让食物在从厨房到餐桌的路上保温，同样也是作为上菜礼仪的一部分，是侍者用芭蕾舞般的技巧献上菜肴的道具。

画面上展示了一幅类似的场景，挂着绿色挂毯的壁龛中安置着一张餐桌，地面上铺着精致的、黑白相间的地砖，一名侍者用熟悉的长餐巾覆盖着盘中的野鸡，剩余的长度足以缠绕在自己的左臂上，作为上餐礼仪，这样既可以保留食物的温度，也能展现侍者自己的技艺。被覆盖的盘子并没有明确画出这只野鸡，但桌布上的编织花纹暗示了这一点。

切割食物成为一种表演艺术，分餐者以精心设计的姿势和略带夸张的动作挥舞着用于切割食物的各种刀叉，在他的主人面前将烤肉精确地切成一块块，再优雅地摆放在餐盘中直到分量足够供客人食用，这一切就像斯卡皮的菜谱书《烹

1570年，罗马教皇的主厨巴尔托洛梅奥·斯卡皮的菜谱《烹饪的艺术》中，展现了一位侍者正在将切好的食物盛到盘子里的情景。

饪的艺术》版画中所展示的那样。许多书籍中都描写过分餐者的技能，用带有图解的步骤详细展现了他们是如何分解各种食物的，从鹅到洋蓟，从梭子鱼到菠萝。中世纪资料中经常被引用的一种描述读起来像是一首滑稽的诗，就连严肃的罗伯特·梅也喜爱使用这些古怪而有趣的术语："抬起天鹅、提起野鹅、松开野鸭、解开兔子、安抚野鸡、分解青鹭……"但是像安东尼奥·拉蒂尼这样的专业人士于1692年在那不勒斯写出的作品中，对这种炫耀提出了反对意见。他用十分具体而实用的辞藻去形容切割食物的艺术。他解释了分食者如何谦逊地使用技巧，他们着装正式，并且永远佩带着剑鞘，还会在左手小指头上戴上一枚珍贵的戒指，这是为了在他用分量不轻的双岔叉刺穿某只禽类或一大块肉时，不让肉汁流向他的手腕，而这一切都是为了"显示无惧"。

杰弗里公爵的家庭乐趣

尽管宴席是一种展示权威和享乐的方式，但在下面这幅《勒特雷尔圣诗集》的插图中，杰弗里公爵选择与家人和两位传教士一起享用朴实的家庭宴会。我们在画中也看到了不太常见的准备食物和上菜的情景：左边，两名厨师在火炉前负责料理烤叉上的飞禽和乳猪；页面中戴着礼仪头巾的厨师，也可能是分餐者挥

杰弗里·勒特雷尔公爵的宴席，出自《勒特雷尔圣诗集》，1325—1340年。

舞着一把巨大的刀，正在将禽类和肉类分割成一小口的大小，放在矮桌上，而调味料和酒水则放在一张小桌子上准备随时递给客人。排成一列的侍者和管家充满仪式感地将食物端到铺着白色桌布的栈桥型高脚桌上，桌上摆着精致的银质餐具，后面还有一幅挂着家传武器的壁毯。一个穿着紫色长袍、身上缠着常见绣花长礼巾的侍者正在向客人们展示着什么（也许是香薰手套？）。不像手抄本中那些沮丧的农民，这些角色似乎是真实人物的写照。

一本约1530年的诗篇集的泥彩首字母图展现了另一幅家庭用餐的景象。图中四人正在开心地享用着简单的一餐：一只可能是鹅的大型禽类、三种不同的鱼，以及面包和葡萄酒。主人一只手扯下鹅的一整只腿，另一只手拿着一杯葡萄酒，他接下来会使用前方折好的餐巾。

现在请洗手

在餐前和用餐期间清洁双手可以创造放松而洁净的氛围，这是一种实用并带有象征意义的惯例。用餐者之间共用的高脚杯和碗暗示了一种理论上的同盟关系和约定，但同样需要考虑卫生以及礼节。当客人们开始自行用餐时，将第一口献给同桌的用餐者是一种礼貌，用手指或刀尖，而不是叉子作

一场家庭聚餐，出自低地国家的泥金手抄本《弥撒圣歌》，1530年。

为工具，这种传递和接受食物的亲密性有助于巩固他们之间的政治承诺。中世纪的餐桌摆盘通常是一只方形或椭圆形的木质或金属餐盘上放上一块坚硬的面包，后来，人们开始喜欢将奢华的银质或金质餐具放置在餐具柜上。

分餐者将切成一人份的肉类或禽类献给客人，客人们可能会像邦维奇所建议的那样，将这份肉切成小块，递给隔壁的客人或伴侣。在这幅优雅的画中，我们看到一位平静的人物，佣兵队长巴托洛米欧·克洛尼正在用一种漠不关心的态度这么做，这是马尔帕加城堡的一幅壁画，上面描绘的是1474年为丹麦国王克里斯蒂安一世举办的一次宴席。

用手指或小刀进食是一种既优雅又方便的做法，可以避免杂乱，也是良好教养的表现。在以用手指进食为准则的文化中，人们认为触感可以刺激味蕾，在食物送进嘴里之前，

一幅壁画的局部，描绘了佣兵队长巴托洛米欧·克洛尼正在用小刀切盘中的肉，以及用手指进食。他设宴招待来访的丹麦国王克里斯蒂安一世，1474年。

它的香气就已经抵达鼻子和味蕾，而手指也愉悦地接触到了食物的质感。用拇指与其他手指灵巧地配合，将一口大小的食物从盘子送进嘴里几乎是门失传的艺术。这种技巧为进食增添了感官的乐趣，在味觉和嗅觉的享受上增加了额外的触感维度。柔滑的酱料、松脆的烤肉皮、用慢火炖的绵软的羊腿肉，或是即将咬下第一口前，阉鸡胸肉柔韧的触感，都因指间的触摸而增强了美味的体验。

这么看来经常洗手是个好主意。席间，侍者时常端进来装着香薰水的盆子和干净的亚麻毛巾，并且持续更换干净的餐巾，还在房间里摆放了玫瑰水或者混合了各种香料的茉莉花香薰。

失礼的表现

然而，礼仪书籍或关于礼仪行为的手抄本中的戒律也暗示了一些不那么得当的行为。其中我被告诫不要做的事情让我们看到了现实中的一些陋习。13世纪后期，米兰的一位牧师以及学者邦维奇·德·拉·里瓦写了一本名为《良好餐桌礼仪的50条戒律》(*De quinquaginta curialitatibus ad mensam*)的书。他的建议也许正好反映了人们用餐时可能做出的那些惹人生厌的行为。第一条警告便是保持谦恭、笑脸迎人、着装有礼、友善而谨慎，永远不要评论食物，只能赞美它。我们还被提醒，不要在餐桌上咳嗽或打喷嚏，因为这会让口水四溅。另外，作为一

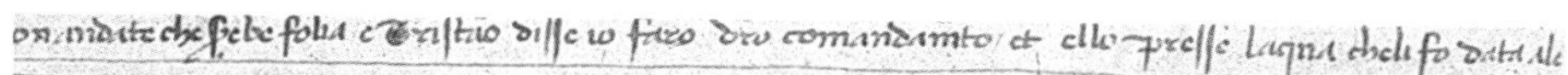

一幅描绘餐前洗手的插图，15世纪的画家博尼法乔·本博为《兰斯洛特传》绘制。

种惯例，当与共餐的人共用酒杯或玻璃杯时，要用干净的餐巾而不是手将杯上的油渍擦干净。当你想要饮酒时，先将嘴里的食物咀嚼完，将嘴擦拭干净再饮酒。在传递食物的时候，保持大拇指不接触碟子是个好习惯。用勺子吃东西时不能发出啜食声。如果有人像猪一样，在喝汤的时候将汤水淌出碗外，那他应该离开餐桌去和动物一起用餐。如果你不得不擤鼻涕，请用手绢，而不是你的手。当与他人一起用餐时，要将切好的肉或鱼的最好的部分分给他。不要在你的嘴里填满食物时与人对话。在与你的上级共同用餐时，不要在他喝水时进食。

阅读关于15世纪后半叶匈牙利的统治者马蒂亚斯·科维努斯的当代著作是件充满乐趣的事。书中描绘了他传奇性的食欲，以及在他享用大餐时，如何奇迹般的一边毫不费力地吞咽食物，一边声情并茂地与人交谈，而从不将一滴油渍沾染在他那丝绸和天鹅绒相交的长袍上，显示出一种浑然天成

耶罗尼米斯·博斯画的“贪吃者”，出自约1570年的《七宗死罪》，木板油画。

的帝王般的精致。上面的这张描绘了一顿华丽宴会的画面，让我们些许见识到马蒂亚斯的风范。他坐在一张巨大的椅子上，身后有一团熊熊燃烧的炉火，画中还可以瞥见左上角琳琅满目的餐具柜、从厨房涌出的端着带盖餐盘的侍者，还有一群正在谄媚的大臣和宠物。

宴席

中世纪和文艺复兴时期宴席的书面记载里列出了一场宴席中菜肴的数量和上菜的顺序，菜肴多得令人难以置信，而大多数油画和书中插图仅仅只展示了宴席进程中的某个时间的场景，无法展现出整场宴席的食物之丰盛，只是偶尔在盛宴结束和醉酒的画面场景里有所暗示。所幸的是，宴席的时长缓和了食物的超负荷，充满仪式感的缓慢上菜进程、食物的展示和服务礼仪，以及每道菜之间的娱乐活动和音乐，有时还会加入的一些肢体活动或是跳舞，都为人们留出了消化的时间。主人并不指望客人们吃完桌上所有的食物，客人会在呈上的菜肴里选择进食，大部分时候他们都能谨慎而敏锐地品尝到菜肴的精华。

一位贵族独自用餐，出自《格里马尼祈祷书》的“一月篇”，16世纪10年代。

聚会主人的饮食

1326年12月，索佐·班迪内洛·班迪内利在锡耶纳为他的儿子弗朗切斯孔获得骑士封号举行了一场庆祝活动，在当地政治等级中获得这个职位是一次重要升迁。同时期有多个关于这场庆典的记载，都被收集在克劳迪欧·本波拉特撰写的关于意大利14—15世纪宴席的作品中。宴会和受封仪式进行了好几天，其中包括一场在教堂举行的严肃仪式，高级官员们将剑授予弗朗切斯孔，他的父亲索佐行

对于15世纪上流社会来说，没有乐者、杂技演员或其他表演艺人的宴会是不完整的。

了最后的屈膝礼，两位要员为他赋予左右两边马刺，这些都被一丝不苟地记录下来。事实上，这是一场没有普通群众参与的寡头政治集团的内部选举，他们为自己庆祝，也乐于驱赶那些不请自来的人，像是卡拉布里亚公爵以及奥尔西尼家族的真蒂莱·加埃塔诺，一位此时本该待在敌对城市佛罗伦萨的罗马教皇的使者。这两个人大摇大摆地走进来，并执意要求担任仪式的最高执行者，获得移交剑的权利。年轻的弗朗切斯孔驱赶了他们，于是他们气愤地离开了。就这样，在送走了佛罗伦萨人之后，宴会开始了。人们在12月25日之前的一周里享用好几餐。第一餐是为邻居以及家庭成员准备的，一共64人，他们被提供了馅饼、炖小牛、烤阉鸡、一些野味和甜食。当天的露天剧场以及长枪比赛的表演者则得到了意大利馄饨、炖小牛、蘸着埃斯卡比奇酱和安布罗西安酱的鸡和野禽、烤阉鸡、糖梨、

多梅尼科·基尔兰达约笔下出席希律王宴会的女孩们，来自佛罗伦萨新圣母大殿内的托尔纳博尼小圣堂壁画，15世纪80年代。

蜜饯还有各种甜点。平安夜是应该斋戒或者清淡饮食的一天，因此只给了大多数宾客腌鲤鱼和鹰嘴豆，或是蘸酱的新鲜鲤鱼还有果馅饼、烤鳗鱼、蜜饯、糖梨以及甜点。下一餐是为城里等级最高的贵族们准备的黄白相间的杏仁牛奶布丁、炖小牛、一些野味——野猪、鹿、鹿肉、许多野兔，然后是烤阉鸡、牛里脊、鹧鸪（一盘两只）、孔雀、野鸡，之后是各种甜点，总量超过300种。一些不允许加入公共聚餐的宗教官员被赠予了面包、酒水和肉食。

完美的妻子和受气包

在伦敦国家美术馆中，某位无名氏创作的一系列描绘《忍辱负重的格里塞尔达》中场面的油画让我们对当地的庆典与盛宴有所了解。格里塞尔达来自一个贫穷的家庭，她的父母将女儿嫁给了贵族瓜尔蒂耶罗，条件是格里塞尔达必须无条件地服从他。瓜尔蒂耶罗制造了各种残酷的考验去检验她的忠诚，他剥夺了她和孩子们一起生活的权利，最终抛弃她而娶了一位年轻的新娘（最后发现是她失散多年的女儿）。在婚礼上，格里塞尔达表现得不卑不亢，最终她的忠贞让自己恢复了名分，也获得所有人的赞许。

在本书第94页，我们看到侍者端上了甜品，是一种可口的帮助消化的糖衣茴香籽，在一顿丰盛的大餐之后对人体十分有益。我们还能看到画面背景里正在表演的市政骑兵。

一场婚宴

1475年，科斯塔佐·斯福尔扎与阿拉贡的卡米拉在佩萨罗的婚礼是场更加宏大并且仪式严谨的庆典。欢迎新娘的仪式进行了好几天，其中包括戏剧演出、露天表演、朗诵会、音乐演奏，有流淌着葡萄酒和水的喷泉。当地的孩子装扮成天使，异教众神表演着为婚礼编写的诗句。树上挂满了旗帜和帐幔，将整座城市装扮一新。所有事宜都以军事化的精细度布置得有条不紊，就像这一切安排都是出自一位有着文学热情的军人一般。这场仪式策划得实在完美，以至于在庆祝结束不久，关于它的美妙文字和泥金手抄本就已经流传开来。我们可以从这场漫长而细致的婚礼推测这场长达惊人的七个半小时的宴席的细节。

第一道菜是表面涂抹成金黄色的糕点和小饼干，还有用马尔维萨和麝香葡萄酒浸泡的糖蒜头。之后是一些诗歌表演，例如维纳斯和她的追随者们。紧接着，呈上少量的凝固奶油、馅饼和接骨木花油条，一整只鹿，烤好后被装回它的皮

伊里斯女神正在呈上孔雀馅饼，泥金手抄本，牛皮纸彩绘，1475年。

里，配上镀了金的鹿角，还有一盘鸡肝、甜面包、香肠以及小牛肉丸，以及浇上苦橙汁、马尔维萨葡萄酒、糖和玫瑰水的熟火腿肉片。

在欣赏过一段关于朱庇特和他的随从们的诗篇之后，第三道菜以煮熟的肉食为主，包括小牛、羊肉、阉鸡、鸽子和小山羊。为了提升视觉享受，有一道菜是将烤好的野鸡放回到它的羽衣里，使其笔直地站在金质盘子上。另外还有本地的萨拉米腊肠和镀金的小牛头。

紧接着的是烤肉大餐，由关于婚姻之神朱诺的侍女伊里斯的诗歌引出，这是这场婚礼的重头戏。一只烤好的孔雀被放回它的绽放着尾巴的羽衣里，9张桌子上一桌一份。每桌还有一份小牛肉派和一种常用的酱料——cameline（一种拥有丰富香料的甜酸酱，加入了坚果和面包屑使其黏稠），以及切成片状的橘子、柠檬和苦菊。

第五道菜是在阿波罗的鼓动下献上的，他让他的儿子俄耳浦斯将一盘盘帕尔马干酪分发给人们，奶酪和分发它的圣人的手臂都镀上了金色。新鲜的本地奶酪也被镀成了金色，还有用玫瑰水调味的华丽的奶油馅饼，上面覆盖着网格状的面皮。这道菜最后以从馅饼中释放出唱着歌的鸟儿作为结束，它们涌进大厅，扑闪着翅膀回旋在空中，为现场增添了生机。

宴席第一轮的最后一道菜，由雅典娜的侍女赫柏引出，有撒上蜜饯的小奶酥、杏仁软糖以及小糖霜饼。

现在开始进行更换亚麻桌布以及其保护桌垫的程序，为月亮和它的神性准备下一轮用餐的干净桌布。在加入香料的水里清洁过手之后，干净的餐巾和小刀被呈了上来。第二轮宴席由各种小饼干和逼真的蘑菇形状的杏仁软糖展开。海神尼普顿主宰了所有海产品——大量的生蚝、蟹、虾、贝类，配上酸豆沙拉，再来点糖做的洋葱和鸡蛋，然后是胶质状的鱼冻，以及伴随着娱乐表演献上的整条大鱼，一条是烤的，另一条是蒸的。下一道菜，狩猎女神黛安娜将西班牙做法的鹧鸪带给每一位用餐者，还有鸽子，以及一只坐在蔬菜编织的鸟巢里，放回自己羽衣里的天鹅和类似做法的鹤，然后是一系列不同做法的烤肉（切好并拌上香料、奶酪、面包屑和干果），包括兔子、乳猪、小鸭、鹌鹑以及各类野禽，之后是葡萄干、干果和橄榄。第四道菜是由战神马尔斯和他的搭档罗穆卢斯展示的，一只被装饰成狮子、嘴里吐着火的烤小牛，四周装饰着被明胶包裹的动物，以及一个巨大的鸟肉馅饼和一些带有纹章装饰的小馅饼。下一道菜是谷神克瑞斯的礼物，一列用水晶碟子装乘着的色彩斑斓的果冻，甜美可口，还有用糖和玫瑰水浸泡的新鲜杏仁，以及一大堆的松露。酒神巴克科斯引出了最后一道菜，为了这道菜，桌布再次更换，宾客在掺入麝香的玫瑰水里清洗双手，侍者递上干净的餐巾，华丽的装糖果的容器呈上一排蜜饯，腌制和结晶的水果，还有糖化的杏仁、榛子、松仁、胡荽和茴香籽，肉桂片和糖制橘皮，配上甜葡萄酒、姜汁补身葡萄酒和杏仁奶酪卷，以及甜薄饼。作为必要的美德，司仪为这次7个多小时的大餐安排了大扫除。侍者们手持着华丽的金色和银色相间的带着绿色、金色和银色流苏的扫帚，将垃圾规整好，用穿着古董鞋的脚将垃圾扫到镀金的筒中。

最后一个节目是太阳神从上面的黄道十二宫中的出现。在消失在空中之前，他朗诵了一首很长很长的诗，这漫长而意义重大的一天就结束了。

这场异常丰盛的宴席，是一场典型的对于传统庆典活动的继承，依据中世纪晚期的传统，有着丰盛的熟食和烤肉，再以馅饼、糕点、面食、甜点和精致的甜食点缀。那些经典剧目的露天表演以及诗歌朗诵、舞蹈和服装都是创新的，因此这些内容都被用更长的篇幅记录了下来。记载中还包含了许多音乐，但是作曲者和演奏者尚不可知。孔雀通常象征着感谢，在这里同样暗示着繁荣以及婚姻的羁绊，它由吟着诗的艾丽斯引出，诗中将孔雀称作“可爱的动物”。

佩萨罗的婚礼是在马蒂诺和普拉蒂纳写下有关文艺复兴时期的新料理仅仅十年之后举行的，但在菜单中并没有明显的迹象显示它们之间的联系；也许象征着黛安娜的鹧鸪是在暗指这位西班牙新娘。它们可能是像马蒂诺在一种加泰罗尼亚食谱中描述的那样，在火中快速地烤一下，在它还未熟时去掉烤叉，然后将连着身体的一半的鹧鸪腿用盐、香料和苦橘汁调味，滚烫地献上。与以往排列在餐盘上与浓郁酱料一起呈上的慢烤禽类不同，马蒂诺将它称为“加泰罗尼亚式”，要用碎坚果和面包屑将其包裹食用。

三位巴黎女郎

正如下面这个故事所说，享受美食并不只是富人的权利。故事的开始是一条关于如何从身体和精神去掌控女人的可怕训诫，是13世纪一则十分特殊的城市神

《三位巴黎女郎》，沃里奎特·德·库温，约1325年，泥金手抄本。

话，被中世纪的人们津津乐道。这个故事讲述了三位巴黎女郎一起来到一家小酒馆用餐，她们挑选了上好的葡萄酒和美食，在酒馆里大声喧闹，对食物处处挑剔，无拘无束地享用大餐。她们在一顿大吃大喝之后因为酒精陷入昏迷，这使她们被误认为死亡还差点儿被活埋在“无罪者墓地”[1]。在药物帮助下，她们清醒过来，又立刻要求得到更多的酒和点心。尽管可能这并非这个故事的本意，但它确实告诉我们，那些心智坚定的独立女性亦可以品酒，并且讨论挑选美食，纯粹地享受食物的乐趣——就像上面这幅颠覆性的画面所展现的。我们看到一条美味的鱼、一只鸡，女郎们一只手举着羊或牛的肩胛骨，另一只手举着酒杯细细品味。

1　中世纪到18世纪末巴黎的墓地。它是巴黎最古老、规模最大的墓地，经常被用于集体墓葬。

正式宴会

用餐的皇室女性，15世纪，泥金手抄本。

上图中这三位贵族妇人正以规范的礼仪享用着一场更加正式的餐宴。这幅《勒内·德·蒙托弗的故事》（1468—1470年）中的插画说明女性自己也可以享受餐宴庆典。一些近代研究表明男人和女人一起用餐时，会根据不同场合严格的用餐礼仪而设定不同的入座规则，在正式的政治社交场合的严格的礼仪规则，会将一些社会地位高的女性安排在一排，而在较为轻松的宴席中，男人和女人会根据自己的喜好混坐在一起。在图中，呈上的食物似乎是野禽。菜肴按照阶级高低，首先献给地位较高的女士们，再呈给坐在旁边桌上的地位较

一间浴室，出自瓦列里乌斯·马克西姆斯《善言懿行录》的手稿，1470年，羊皮纸蛋彩金箔画。

低的陪伴者。左边的小餐桌上陈列着盘子和酒杯及酒壶，乐师在升起的平台上演奏乐器，宠物狗在桌前踱着步。

迷雾的乐趣

浴室里暧昧的乐趣包含了可疑的只戴着头饰和十字架在浴缸中进食的习惯。将食物摆在横跨在整列浴缸上的木板上，和常规的餐桌一样铺上带着刺绣和流苏的桌布。还有干床单和温暖的床在一旁供用餐后享受。这幅浴室图出自异教作者瓦列里乌斯·马克西姆斯绘制的15世纪手抄本，也出现在其他版本中。它似乎反映了旧时的贵族生活，或者是对中世纪巴黎的蒸汽浴室或娱乐场所的想象。

一个厨房帮佣在叉烤家禽，出自《卡塔琳娜·范·克列夫的祈祷书》，约1440年。

室内烹饪

在寒冷的北方，热气腾腾的家庭烹饪被记录在了中世纪描绘四季的手抄本插画及反映日常生活的小插画中。一个开放式的灶台、一个带盖的烟囱、一个架在火上用来放锅的网格、一只简易的烤叉以及烤肉架，也许还有一个适用于任何客厅的荷兰烤箱，既能用来取暖，也能放得下小点心和完整的菜肴。用盐腌制的肉可以放在烟囱里晾干、烟熏，还有腌制香肠和奶酪。第113页中这幅温馨而神圣的画面来自1430年卡塔琳娜·范·克列夫（亨利八世第四任妻子克里维斯的安妮的一位远亲）委托完成的一幅华美的宗教画。它描绘了一个舒适的家庭画面：玛丽正在给她的孩子喂奶，约瑟夫正在搅拌碗里的白粥。火炉里的火明艳地闪烁着，一口大汽锅悬挂在一根可调节的齿链上，一只陶罐直接放在木炭上烧着，烟囱里悬挂着一个用来烤肉或面包的烤架；一些火钳，还有一些厨房用具收藏在橱柜中，陶器和餐具收纳在墙上的货架上，高处的橱柜里陈列着一些珍贵的银质器皿。

这间厨房或客厅是当时低地国家舒适的家庭居住环境的

用贻贝装饰的圣人图像的页边，出自《卡塔琳娜·范·克列夫的祈祷书》，1440年。

典型代表，卡塔琳娜本人想必也很满意，尽管按她自己的意愿会布置得更加华丽。从她的家政笔记中可以看出，她非常关注日常生活中的细节，例如她自己会亲手绘制笔记本中的插图和镶边——这如同是她自己的一个小型私人艺术馆。她要确保生活中的各个方面都被艺术家记载在书中，包括在炉火前的烘焙和烤肉，踩踏葡萄，等等。就连每个章节的装饰镶边都刻画着惊人的真实细节：锅中的贻贝新鲜出炉，可能是现代的牡蛎薯条[1]的前身；在另一张图中，圣劳伦斯手拿着

1 moules et frites，比利时的一道名菜，也在法国和北欧各国流行。最早记载的牡蛎薯条的食谱出现在1781年。

渔网，四周环绕着将被炙烤的令人不安的食人鱼、鲑鱼、梭子鱼以及一条斑纹比目鱼，象征着他的殉难，各种各样的渔网和鸟笼、碗里的新鲜豆子，还有一圈串起来的面包圈，则是为了驱赶折磨罪人的魔鬼和恶魔而准备的。

厨房里的圣人家庭，来自《卡塔琳娜·范·克列夫的祈祷书》的彩绘插图，约1440年。

在这场地狱之火的画面（见第114页）以及《卡塔琳娜·范·克列夫的祈祷书》里的诅咒都透露着一些关于家庭厨房的讯息。精巧的炉灶喷出火焰，迷失的灵魂在大锅里被煎烤，受到永世的折磨。她的信念深厚而实在，而她对“地狱”的想象似乎是可触碰的家庭模样。她自己的生活十分不

地狱厨房，来自《卡塔琳娜·范·克列夫的时祷书》的彩绘插图，约1440年。

幸：1440年时，她已经有了六个孩子，但她拒绝与丈夫阿诺德一起生活。他们紧张的婚姻关系也导致了地域间的矛盾和政治动乱。这一切也给玛丽和约瑟夫原本和谐的客厅里增添了一丝尖锐的气氛——这同样体现在手抄本里的生活细节中。

非凡的女性厨师

在中世纪许多记载中都能看到女性家庭厨师，她们为有些傲慢的管家给烤

一幅法国细密画，画中的妇女正在做薄饼。

好的禽肉抹油，或是把它放入带盖的盘中端上桌。在14世纪后期的《健康全书》中，女人会在家庭炉灶上烹饪内脏、煎薄饼以及煮小麦粥。

彼得罗妮拉的故事的主角就是一位了不起的女性厨师。为了报答圣彼得将她从多年卧床的疾病中奇迹般地解救出来，她起身走向厨房，满怀感激地为她的救命恩人制作了精致的一餐。她的美貌和殉难（她宁愿饿死也不愿嫁给一位纠缠不休的异教求婚者）渐渐被人遗忘，但她的家庭属性让人们记住了谦卑的女性家庭厨师的形象。本书第117页中的彼得罗妮拉在一个简单但设施齐全的房间里展示了她准备的食物。可以看到屋内淡绿色的墙壁，带有花纹的地板以及一张铺着整洁的刺绣桌布的搁板桌，桌上还摆着餐刀、玻璃杯、葡萄酒瓶和面包圈。

"彼得罗妮拉"曾被阿马利娅·莫雷蒂·福贾用作掩饰身份的假名，她本是一位经验丰富的药剂师和儿科大夫，20世纪20至30年代曾在米兰的流动医院和医疗部门工作，那是一段对于工薪阶层妇女和主妇们而言十分灰暗的时期。20世纪30年代，她的实用女权主义和热情使她有机会在米兰的周刊《星期日邮报》上主持一个主要讲述健康和家庭烹饪的专栏。她健谈又"女孩子气"的口吻使她的食谱——《彼得罗妮拉食谱》和《其他食谱》成为当时的畅销书，同一时期，马里内蒂在他言过其实的《未来厨房》一书中讽刺和诋毁了他厌恶的中下层阶级的烹饪习惯。在彼得罗妮拉为她的"女朋友"们撰写专栏的时候，她的小女朋友们正待在家里照顾家人，或是在办公室或工厂里工作到深夜的同时，仍要每晚准备营养而不太昂贵的菜肴。这些妇女没有话语权也没有未来，阿马利娅给予她们支持与自尊，“Donne, siate padrone della vostra vita!”（女人们，掌握自己的人生！）

娴熟的技术

在家庭厨师所运用的烹饪技巧中也有着它与皇室厨房共有的微妙之处，让我们意识到我们今天的厨房尽管便捷，但却如此束缚而局限。我们不能期望用现代先进的烤箱实现过去的“原始”方法，制作出饱满多汁的烤肉，那种缓慢地烘烤，在肉质烤干之前会不停地翻转的烤肉。中世纪和文艺复兴时期厨师们那些简单手段和娴熟的技术都被看作是理所应当的，他们的名字并不必要出现在食谱集中，我们只能从祈祷书里偶然的烹饪画面，或是带有插画的宗教作品中推测一些信息。重现历史中的烹饪对于我们很有帮助。生火和控制火力是一门艺术，在火炉上翻滚的不同大小的肉块、悬着的大汽锅里裹着布的布丁，或许还有香肠或烤盘上的野禽，又或者火炉另一边的荷兰烤箱里还有一些裹着网布的甜面包，烹饪它们需要不同的温度和时间，通过调整食物与火炉的距离可以控制烹饪的速度。计算生火的时间、控制木炭的数量、增加或减少热度、留出快速烹饪或慢炖的距离，这些他都需要判断力。烤叉可以像猎人的长剑或匕首一样简单，直接串上肉块，也可以是一个有着精密的发条装置的齿轮、链条和计重器组成的工具，这一切都取决于一位能干的厨师。在特殊构造的烟囱里，上升的热气和烟驱动着烤叉，受控的气流替代了长期煎熬的厨房帮佣们。在简陋的家庭厨房中，用一根铁棒穿过两个三角火炉架，上面有可以放置烤叉的钩子，就是十分简单但有效的工具，厨师或厨房帮佣可以靠它掌控食物和火炉间的距离，驾驭整个厨房。垂直悬挂的烤叉可以顺时针旋转也可以逆时针旋转，全由厨师掌控。

《勒特雷尔圣诗集》中以类似连环画的方式，描绘了在火堆前烤肉，再将其按量分割到餐盘中，放在浅桌上呈给主人的画面（见第96页）。卡塔琳

围坐在搁板桌边分食面包，萨诺·迪·彼得罗的《圣彼得罗妮拉和圣彼得》的局部，15世纪晚期。

娜·范·克列夫的祈祷书中一幅关于家庭的小插画则呈现出一位正在烤肉的厨房伙计的痛苦（见第111页）。

修道院的厨房

女性宗教团体有另一种厨房秩序，在那里女人们不可避免地在一起工作。我们找到的最早的鲜活记载来自黑暗时代。6世纪的圣妇勒德功离开了她粗暴的丈夫图林根的克洛泰尔，在大主教格雷戈里的庇佑下，她在普瓦捷建立了一个宗教社团。勒德功的童年笼罩在家族政治和遗产的纷争之下，她的叔叔们谋杀了她的父亲和其他亲人，他们努力将她培养成克洛泰尔的妻子，因此让她受到了良好的教育。最终，在她的丈夫刺杀了她的兄弟之后，她开始反抗并离开了家。她苦难的生活并没有影响到她热情好客的本性，她爱护每一位前来的朝圣者、穷人和病人。一位来访者见证了这一切，万南修·福多诺，他是一位游历四方的意大利诗人和职业魔术师，被勒德功的盛情款待彻底征服了——修道院花园里，用芬芳的

圣妇勒德功向穷人施受食物，来自法国11世纪的《圣妇勒德功的生活》。

鲜花装饰的餐桌上，摆满了一桌与气味一样美妙的佳肴。万南修留了下来，开始为大主教处理宗教事宜并最终成为下一任大主教。他与勒德功深厚的友谊被记载在许多诗篇中。一本深情的传记记录了勒德功对那些投奔她的可怜乞丐的照料。勒德功自己的饮食十分朴素，大多以豆子和新鲜蔬菜为主，但她意识到病人们需要健全的营养和卫生的环境，于是她给他们洗热水澡，换上干净的衣服，给他们充足的食物。万南修这样描写她在厨房的疯狂举动（修道院由她一位亲密的朋友艾格尼丝经营）：

> 要怎么形容当她冲进厨房准备开始一周劳作时的兴奋呢？没有任何一个修女会像她一样从后门一捆捆地搬走所有木头。她从井里打水倒入浴盆中，将蔬菜和豆荚洗净，接着向火炉吹气，好生起火来准备食物。水煮开了，她将锅炉放上灶台，开始清洗盘子并排列整齐。用餐结束，她洗净碗盘，又开始洗刷厨房，直到它干净得发亮，不留一丝尘埃。之后她接着打扫，处理那些最肮脏的垃圾。

扬·比尔布洛克的《圣约翰医院的病房》局部，展示了修女们在医院厨房做饭的场景，1778年，布面油画。

希德嘉的绿色厨房

12世纪，宾根的希德嘉（1098—1179年）在现在的德国境内建立了一座修道院，在那里，她结合神秘学和音乐疗法，用资源丰富的花园里的草本为患者治疗。在她众多的书籍中有两本十分实用而敏锐的作品，一本名为《天然史》，还有一本医书《病因与疗法》。工作和朗诵经文之间的矛盾是修道院生活中固有的。希德嘉从3岁起便能看到神迹，并将这些运用到现实生活中。在解释她创作的那些直击人心而充满灵性的艺术、音乐及著作时，她坚持那些灵感并非来自一时的头脑发热，而是上帝的旨意。当她全神贯注时灵感会降临，而她的创作是真实而理性的。讽刺的是，今天仍有像她这样天赋异禀的人被蒙昧的“新纪元”[1]学说和宗教狂热思想所挟持。

关于她虔诚的工作的插画显示，当神圣之光降临，希德嘉会将她的想法口述给她忠实的秘书沃尔玛。她还指导了自己笔记本里的绘图。下面的“曼荼罗”展

1 New Age，一般指的是1970—1980年西方社会兴起的一种社会宗教运动，其覆盖的层面涵盖了灵性学说、神秘学、替代疗法等。但其起源则可追溯到更早，其主流思想是追求灵性指引，相信超自然力量。

宾根的希德嘉的一部手稿中的“曼荼罗”式插画。

现了人类与自然的和谐，万物之间的平衡。Viriditas，“绿色”是她用来形容这个万物之界的词语，也许这正是安德鲁·马维尔的诗《花园》中“毁灭一切已有的/去往绿荫下的绿色世界”的灵感来源。

希德嘉认为世间的乐趣是给我们享受的，我们有责任去理解它们的运作方式，并将这样的理解用于实际。她用自己丰富的经验写下了植物和动物作为食物和药材的属性，以及关于它们的烹饪方式和药效。她说，柠檬花十分温暖（参考“四种体液”），无论谁喝下它（作为一种茶饮）都会笑出声来，因为它的热度会直冲到脾，而使心脏愉悦。这种友好的草本的确能让沮丧和过度紧张的人感到神清气爽。干玫瑰花瓣和鼠尾草可以一起捣碎成粉末，让易怒的人在生气时吸进鼻腔，鼠尾草可以舒缓精神，玫瑰花使人愉悦，这两种草药也是中世纪厨房里的常备植物。希德嘉谈到肉豆蔻时说，它的暖性让它具有强大的功效，能打开食用者的心灵，净化灵魂，传递持续增强的理解力（它的精神药效得到证实，但并不应鼓励这点）。她建议将等量的肉桂和肉豆蔻一起捣碎，加入少许丁香，与面包屑混合做成饼干，经常食用的话，“心灵和灵魂的苦楚会被抚慰，从麻痹的感觉中清醒，使心灵和精神愉悦，思绪也变得明朗”。（再加上坚果和蜂蜜以及少许的干果，就类似于玛利亚·维多利亚·德拉·韦尔德修女在16世纪发明的点心潘福提了。）这些关于香料医用属性的人性化认知加上它本身产生的令人愉悦的功效，使中世纪餐间的糖果和蜜饯大受欢迎。可以在贩卖糖、香料和药材的药剂师那里买到这些甜食。

希德嘉了解她的草药以及它们的属性，也知道要如何种植它们，至于她是否在修道院的厨院里种植我们就不得而知了。考虑到她既要管理两座女修道院，还要兼顾自己的学业、写作和音乐，再加上她在外界的重要活动，以及与教皇和位高权重的统治者等人的交往，恐怕她并不太可能自己种植草药，然而她显然还懂得烹饪。她很善于鼓舞人心，从她对于原料的评论就能看出——它们如何使人心情愉悦，或消除忧郁的思绪——她也会心直口快，半开玩笑地责难朋友们，她对迪斯伯登堡的修道院院长（她的上级）说：“现在听我说，试着理解（这会让你脸红），有时你表现得像只熊，自顾自地抱怨，有时像只驴子。因为你没有很好地履行你的职责，尽管你尽心尽力，方法却是错误的。”希德嘉曾声斥国王腓特烈·巴巴罗萨在与教皇的争论中表现得像个被宠坏的孩子，但他们仍保持着长久的友谊。希德嘉坚信着世间美好的事物都是赐予我们去适度享受的，她的“绿色”之书，作为上帝赐予我们欢乐和爱的一部分，是赐予我们所有人而不是一个人的，是至高无上的。

她了解烹饪和食物带给人的乐趣。“任何食材运用到极致都是最美味的菜肴，这时它的香味已超乎于它原材料本身的味道。”她对醋的评价显露了她对食材及其用法的了解：“醋适用于任何菜肴，因此可以将它加入食物中，大量的醋可以增强食物的味道而不会覆盖它。”还有欧芹，“生来强健，更倾向于暖性而非凉性；它在有风和潮湿的地方成长。它更适合生吃。欧芹可以使人集中精神。”

啤酒，野蛮人的饮料？

希腊人和罗马人熟悉啤酒，却不如何热衷于它。啤酒在欧洲中部和北部被人广为饮用造成罗马军队也开始对啤酒依赖起来。戴克里先列出了多种啤酒的种类以及它们的价格，埃及啤酒的价格被设置为高卢啤酒定价的一半，比日常饮用的葡萄酒价格还要低。

啤酒通常在视葡萄酒为首选的地区生产，因为它是一种安全又实惠的替代品。本笃会修道院的理想蓝图制作于820年，如今保存于圣加尔，它为酿造啤酒留有充足的空间。蓝图巧妙地在缝起来的羊皮纸上绘制，用当时清晰易读的加洛林小字体在上面写下标记和注释，展示了繁忙的修道院所喜爱的空间布局，并为各种不同设施分配了空间。我们不知道那些代表不同阶段的烘焙和啤酒酿造标志是当时典型的平面艺术风格，还是一位娴熟的绘图人的作品。

该蓝图展现了为修道院院长和他的下属们，僧侣、来访者、乞丐和朝圣者准备的制作啤酒和面包的设备。不同种类的啤酒为不同人群准备，穷人们会享用一种口味清淡泡沫丰富的啤酒，类似于一杯好茶，但更有营养。从图上能看到一个谷物制麦的空间，一个用来冷却加热过的麦汁的空间，还有许多用来储存加工好的产品的空间，位置便利，方便通向厨房和面包房，温暖而舒适。在啤酒工坊和面包房的工作是僧侣们职责中的一部分，香气和氛围是他们的回报。制作需求量如此庞大的消耗品让投资高级设备成为必需，也使贩卖剩余啤酒成为可能。有人计算过，一个像圣加尔蓝图中这样大小的修道院每天必须要制造400升啤酒才能满足社区的需求。

遗失的调味料和新视野

“穆里”（*murri*）是中世纪阿拉伯烹饪中的一种调味料，用腐烂发酵的大麦和草本制成，类似于今天亚洲的酱油。查尔斯·佩里在自己家中亲手进行了一

品尝啤酒或葡萄酒的僧人，出自锡耶纳的奥尔多布兰迪诺的《身体的系统》。

次制作实验，根据他的实验结果，我们可以得知它和现在市场上的酱油差不太多。令人惊讶的是两种在当时被广泛运用的主要调味料，*garum*和“穆里”，尽管历史学家发现中世纪和文艺复兴时期的西班牙仍有人在食用它们，但在现在的欧洲已经不再使用。19世纪早期伊布·阿里·阿丸的译本中用到了“穆里亚”（*murria*）一词，可能是某种熟悉的物质，让人怀疑它可能是未被记载在烹饪书里却被人广泛使用的某种调味料。这可能表明了某种延续性。

在欧洲，这些调味品一直沿用到加洛林王朝时期。现有的证据稀疏而不完整，几乎没有食谱，在与美食无关的文件中信息更是少之又少。当科尔比修道院，也就是今天皮卡第修道院僧侣去福斯港附近的市场购买香料时，手里拿着希尔佩里克二世授权的购物清单，里面有鱼酱、胡椒、小茴香、丁香、肉桂、橄榄油以及干果。这些佐料，与阿比修斯的传统一样，作为成熟的批量交易系统中的一部分，在寒冷的北部海岸被购买、使用，远离西西里日光下的鱼酱桶，这证明了在所谓的黑暗时期，贸易和产业仍在进行着。但是一个世纪之后，科尔比的僧侣们在康布雷挑选着不同往常的香料：除了姜和胡椒之外，他们还需要姜黄、高良姜和乳香，丝毫也没提到鱼酱和《阿比修斯食谱》里的调味料。

加洛林王朝时期是临界点，新的香料和佐料将老的罗马调味品驱逐出了历史舞台。与此同时，查理曼大帝正在实行他的政治策略（试图重建罗马帝国），而美食是一个崭新的领域。人们的口味在变化，一个新的味觉和调味料体系连同新的书写字体，使这个欧洲最强大的统治者脱颖而出。加洛林小写体是建立在古典字体基础上的一种清晰易辨认的手写体，诞生于科尔比的写字间，它的使用为了让这个集权统治者至高的命令可以清晰地区别于地位较低的墨洛温王朝那些繁复的公告。不过，这次借鉴了古典政治和文化的变革并没有刺激烹饪学回到古代罗马时期的标准。要等到很久以后的意大利文艺复兴时期，美学家才开始模仿古典饮食和餐饮习惯。

食物作为宣传手段

1420年，当萨沃伊公爵，阿马德乌斯八世建议、引诱，最后命令他的主厨梅特·奇库阿特·阿米克左撰写《关于烹饪》，描绘他盛大的国家宴席时，他是在定制一份宣传作品，而不是一本食谱。这些宴会活动是用来展现外交、高级时装、本土和国际的政治活动，以及显现财富、品味和权力的方式，并以一种最为实际的形式——食物来呈现。1404年，阿马德乌斯与勃艮第的玛丽的婚礼宴席持续了好几天，这本书正是建立在这次庆典的菜单之上的。而其中还有一部分不同于一贯的烹饪笔记，是为轻食和素食日准备的。它将食谱按食材和菜系分类。奇库阿特对这个要求表示抗议，他认为这是违背人性且无意义的，但事实上他完成得非常出色。到1428年，他领导了一支20个人的队伍，其中有11个帮佣，在他的笔记本中有一些冗长的信息透露着他的完美主义和对细节的追求。他以几近挑剔的细节详细描述了每道菜，远不只是将菜单上的物品列出来这么简单。

而在实际的厨房中，所有这些食物的准备和盛盘都必须连贯地安排好。他的

一间“cucina principale”（主厨房）来自教皇主厨巴尔托洛梅奥·斯卡皮1570年出版的《烹饪的艺术》中的一幅版画。

描述与一个世纪之后斯卡皮的版画所呈现出的相符：

为了使宴席万无一失，需要在宴席开始三到四个月前，聚集管家、厨房监工以及主厨一起寻找一个合适的位置，能够容纳体面的厨房，放下双排长桌，还能留出让服务员方便走动的宽敞而愉悦的空间。这样一来，服务人员便可以自如地在餐桌和工作区域之间收发和更换碗碟。

一个在角落洗碗的男人，出自巴尔托洛梅奥·斯卡皮的《烹饪的艺术》中的一幅版画。

这里应该有蒸煮肉块的大汽锅，大量盛肉汤的中型锅和盘子，以及烹调鱼类的吊锅，装盛肉汤之类的大型或中型容器，还有一批精美的大研钵。这里还有一块用于制作酱料的区域，并且需要大约20个用来油炸食物的大桶、一些大烧水壶、55个碗，60个双手柄碗、100个食篮、一些网格、6个大型打磨器、100个木勺、25个大大小小的穿孔勺子、6个挂碗钩、20个铁质削皮器、20个固定的和可调节的烤叉。永远不要相信木质烤肉叉和烤肉杆，如果你不想损坏甚至失去你所有的食物的话；你需要6个13英尺长的坚固的铁质烤叉，如果你需要更多，那就要3打（一打12个）同样长度的，但要烤家禽、乳猪、水禽等便不能这么粗……还有4打纤细的烤叉用于烤光滑的东西。

这位斯卡皮厨房里的无名英雄在本书第126页图中的底部，厨房的右下角，辛勤地工作着，卷着袖子，干着这项没完没了的工作。阿马德乌斯最终宣布放弃俗世的乐趣，而开始一种简朴的生活。1439年，他被严格的巴塞尔会议推选为伪教皇菲利克斯五世，他反对现任教皇的政策，仍然追求政治权力。有人怀疑，在最后的岁月里，作为罗马的红衣主教，阿马德乌斯可能将奇库阿特的伟大作品的复制品一起带去了罗马，以证明他的威望。这或许也是教皇宫廷里热爱美食的人文主义学者所感兴趣的。

坏脾气的男厨师

厨师的图像并不总是符合烹饪笔记中为富人烹饪、服务的完美厨师的书面描述。马克思·伦博特的专著中闷闷不乐、满面油光的大肚皮厨师形象与梅特·奇库阿特或普拉提纳所描述的模范厨师相行甚远。1581年伦博特在富兰克林出版的《新食谱》是一本包含了大量丰富食谱和全方位烹饪技巧的里程碑式的作品。这本书的作者是位匈牙利人，是当时美因兹选帝侯门下一位精通写作的厨师。他用冷静而权威的语气描写他的工作，献给他身份尊贵的顾客。然而，书的封面上以及书中章节里的木版画插图都呈现出的是一个平凡有趣的厨师形象，例如其中一幅勃鲁盖尔描绘农民醉态的风俗画，或是维迪兹笔下底层社会生活中的有趣场景。汉斯·维迪兹还在《新食谱》中留下了许多不合时宜的厨房场景，其中有一幅描绘了一位邋遢的肥胖厨师，身旁围绕着锅碗瓢盆和各种食物（见第129页）。精致的美食可能出自一位充满戾气的傻瓜，这种悖论在整个历史中一直被艺术家和作家们津津乐道。但是食谱作家和家政笔记的作者常常用一些超乎常人的特质——整洁、能干、尊敬地服从而不谄媚，以及精干的管理能力，去描写一位理想厨师。在维迪兹的一幅插画中，一位身材魁梧的厨师挥舞着他的艺术符号：一把用来品尝和分装食物的巨大木勺，他正用它威胁甚至击打不守规矩的厨房帮佣。1362年，据洛里乌的描述，未来的法国国王查尔斯五世的厨师吉拉特·芮特尔在击打诺曼底公爵的制汤厨师让·珀蒂时，将他的勺子劈成了两半。

Ein new Kochbuch/
Das ist Ein grundtliche beschreibung
wie man recht vnd wol/ nicht allein von vierfüssigen/ heymischen vnd wilden Thieren/ sondern auch von mancherley Vögel vnd Federwildpret/ darzu von allem grünen vnd dürren Fischwerck/ allerley Speiß/ als gesotten/ gebraten/ gebacken/ Presolen/ Carbonaden/ mancherley Pasteten vnd Füllwerck/ Gallrat/ etc. auff Teutsche/ Vngerische/ Hispanische/ Italianische vnnd Frantzösische weiß/ kochen vnd zubereiten solle: Auch wie allerley Gemüß/ Obß/ Salsen/ Senff/ Confect vnd Latwergen/ zuzurichten seye.
Auch ist darinnen zu vernemmen/ wie man herrliche grosse Pancketen/ sampt gemeinen Gastereyen/ ordentlich anrichten vnd bestellen soll.
Allen Menschen/ hohes vnd nidriges Standts/ Weibs vnd Manns Personen/ zu nutz jetzundt zum ersten in Druck gegeben/ dergleichen vor nie ist außgegangen/
Durch
M. Marxen Rumpolt/ Churf. Meintzischen Mundtkoch.
Mit Röm. Keyserlicher Maiestat special Priuilegio.
15 81.
Sampt einem gründtlichen Bericht/ wie man alle Wein vor allen zufällen bewaren/ die bresthafften widerbringen/ Kräuter vnd andere Wein/ Bier/ Essig/ vnd alle andere Getränck/ machen vnd bereiten soll/ daß sie natürlich/ vnd allen Menschen vnschädelich/ zu trincken seindt.
Gedruckt zu Franckfort am Mayn/ In verlegung M. Marx Rumpolts/ Churf. Meintz. Mundtkochs/ vnd Sigmundt Feyerabendts.

马克思·伦博特的《新食谱》中的标题页，1582年。

调味料的图像

除了版画和油画，我们还找到一些其他的视觉素材。其中，动物寓言集和植物志十分有趣。人类和野兽之间一直存在着一种亲密联系：猎人和牧人熟悉动物和它们的生活习惯，但另一方面又畏惧它们作为恶魔和怪兽的化身所拥有的恶意或善意的魔力。既要照料草原上的野兽，又要安抚它们隐形的力量，这样的尺度很难把控。动物寓言让我们对此有所了解。在中世纪，动物寓言集有着许多功能——它既是富人们珍贵的画图册，也是教会的教具和虔诚信徒的祈祷手册。它们结合了咖啡桌上书籍的趣味和童子军笔记里的训诫。在早期的纯文字版本中，书中的怪兽是真实动物与幻想中的混合体，融合了人们精准的观察和公元2世纪或3世纪亚历山大港《生理论》里的神话传说，以及7世纪塞维利亚的伊西多尔的《词源》中的素材与老普林尼的资料。书中的中世纪插画让人们联想到熟悉的家养动物的同时，也联想到神话中骇人的怪兽。对一些聪明的自然观察者来

汉斯·维迪兹的一幅描绘暴躁的厨师的插画，出自马克思·伦博特的《新食谱》，1582年。

说，其中的一些拉丁文描述并不可信，但它们以故事的方式而不是实际信息呈现出来。一位不识字的牧人要如何赶羊大概依靠的是代代相传的生活智慧，而不是诸如此类的书籍。因此我们可以推断，这些幸存下来的寓言文字是一种娱乐性质的，常常伴随着基督教教义和象征符号的古典文学和中世纪神话的结合体。有趣而精巧的故事与道德观念轮番出现，有人认为其中的插画旨在让不识字的人们学习，因为每个生物的图像旁都附有不同国家文字的叙述。

因此，当贵族的绅士小姐和修道院的僧侣享受着动物寓言集带来的乐趣与道德上的指引，猎人和农夫在现实世界中根据经验与动物打交道。事实上，在畜牧业的泥土和混乱之中，我们熟悉的神兽博纳孔诞生了。这种动物向内卷曲的角不能作为防卫武器，它的反击方式是奋力地排泄粪便，使一定范围内的土地都烧焦。画面充满了疯狂的乐趣，火焰附加在一个巨大的屁上，能够摧毁一片广阔的区域。图中士兵使用的防火盾也是十分必要的防御武器。

另外动物寓言中也有些对于大自然的直接观察，像是《哈利寓言》中的一头牛，一只真实的农场动物，以及一只令人同情的驴子不情愿地走向它的水车。不过《阿伯丁寓言集》的插画师描绘的不安分的公羊和顽皮的猫并不完全来自生活，可能更多来自他对于自然世界本能而直觉性的理解。

亚历杭德罗·德·洛瓦尔特，《厨师》，1610—1625年，布面油画。

动物寓言集里具备了一切让克莱尔沃的圣伯纳德[1]感到愤怒的因素：

> 这些荒谬的怪物有什么好处？它们因为奇妙又畸形而受到珍视，难道有美丽的畸形？……有一只长着蛇尾和四脚的怪物，还有一条长着野兽头的鱼，这里还有前半身马后半身山羊，或者长着角后半身马的怪物。总之，这些我们更希望能在大理石上而不是书中去欣赏的不可思议的各种怪兽。我们宁可用一整天的时间去思考它们，而不是冥想上帝的律戒。看在上帝的份儿上，如果人们不为他们的愚蠢行为感到羞耻，他们至少也应当活得再简朴一些。

用金子装饰神兽的形象，或是厨师将金箔贴在烤肉上，这对于圣伯纳德来说是同等可恶的浪费。他对传说和迷信里琐事也不屑一顾，相较于故事书里的闲聊，他更喜欢与圣玛丽直接接触，这与他对待食物的简朴态度是一致的：素食、

1 St Bernard of Clairvaux（1090—1153年），法国教士、学者。1115年建立克莱尔沃西多会隐修院，第二次十字军东征的积极组织者。

12世纪晚期英国寓言集里传说中的博纳孔。

节俭、不带任何装饰性，一种基于面包、葡萄酒、蔬菜和鱼类的饮食——对体弱者和老年人有着人道主义的例外。

“捕鼠是它的乐趣”

人与动物友好的相处模式与我们现在对待宠物的那种有些自作多情的态度有所不同。身形苗条且攻击性强的猫曾被视为“捕鼠好手”，它们为自己捕猎食物，但如今，可怜的猫儿被看上去极为美味的加工食品罐头喂得又肥又懒。9世纪，在德国南部或奥地利的一座本笃会修道院里，一位孤独的爱尔兰僧侣在一本初级读物的半页空白页上写下了对于他的朋友、榜样和同伴深情而详细的描述：

> 我和我的猫，潘谷尔·班，
> 这是我们的任务；
> 捕鼠是它的乐趣，
> 狩猎文字的我整夜坐着。

给母牛挤奶，出自一本13世纪的动物寓言集。

一头驴子走向一个水磨坊的微型画，出自13世纪的动物寓言集。

比起去赞美别人，
我更愿意拿着书和笔坐在这里；
潘谷尔对我没有恶意，
它也运用着它简单的技能。

这是件多么美妙的事，
工作中的我们是如此开心，
当我们回到家中
我们坐下来为心灵找到了娱乐。

通常总会有一只老鼠，
在英雄潘谷尔的威慑下迷失方向；
通常我敏捷的思绪
都会编织出真正的意义。

背靠着墙的它瞪大了双眼，
充满了炙热、尖锐而皎洁的光芒；
背靠着知识的墙壁，
我绞尽脑汁地尝试着。

当一只老鼠冲出它的洞穴，
哦，潘谷尔多么高兴！
哦，我了解那种高兴，
就像我解开了难题时的样子！

所以我们安然地完成了我们的任务，
潘谷尔·班，我的猫，和我；
在我们的艺术中得到了欢乐，
我有我的，它有它的。

日复一日的练习，

潘谷尔·班的技艺更加完美；

我夜以继日地学习，

让黑夜迎来光明。

“让黑夜迎来光明”是这位诗人僧侣的职业：寻求真理和知识并用文字提炼精髓。就像他的白猫，在寂静的夜晚监守着难以捉摸的老鼠，为自己捕食。诗人和他的猫是两位独立、互不干扰的专家，却在他们各自的“捕猎”中获得相同的乐趣。本笃会膳食在本书第161—167页中有详细的阐述。

一本捕猎手册中的暴行和魅力

畜牧业和捕猎是建立在对动物世界的理解之上的，而我们的这种能力正在退化。就像猫咪潘谷尔一样，这位中世纪猎手必须了解它的猎物，建立自己的生活方式来对抗狡猾猎物的智慧。可以在艺术和文学中看到人类对于它的行为的赞同。猎人手册中包含了关于动物的各种信息，包括它们的栖息地和行为，以及如何追捕和猎杀它们。其中最负盛名的，包含超过40张精美插图的复刻本幸存了下来，它们曾在14世纪后期广为流传。

法国比利牛斯山脉颇有权望的富瓦-贝亚恩伯爵加斯东·费布斯（1331—1391年），是一位狂热的猎人。加斯东有着高大的身形，姣好的容貌和一头金发简直可以与太阳神比肩。因此费布斯成了太阳神的另一个名字，太阳是他的武器，他的丰功伟绩为他赢得了“太阳王子”和“比利牛斯之狮”的称号。加斯东是位诡计多端的外交官和一个无情的战士，在百年战争爆发之际，他从圆滑的中立性策略中获益，使他的庄园和财产完好无损。他用极度恶劣的手段在加斯科涅玩弄了英国人，这时他的行政中心在贝亚恩；接着他又在图卢兹和他熟悉的富瓦对抗了法国人，使敌人烦恼不堪。他的政治天赋和彻头彻尾的贪婪铸造了一片辉煌的土地，伴随着战事进程，这里的文学和音乐也蓬勃发展。在1387年至1389年

加斯东·费布斯的《狩猎》中描绘的兔子，该书著于14世纪80年代末，插图绘于20年后。

间，加斯东撰写了关于狩猎的著作《狩猎》，很快便以手抄本的形式流传开，18世纪又被大量印刷，为人熟知。加斯东对于既为皇室运动，也是乡村活动的狩猎的各个方面都十分熟悉。这是一项复杂且难学的技能，从猎狗到它们的看护人，到猎人和他的追随者们，还有猎物本身：有的是为这项运动圈养的动物，有的是野生且凶猛的，这些都被记载在他的著作中。他为鸟、鱼等不同动物设计了单独的章节，描述了捕猎它们的方法：一群骑着马的猎人，在海边竞技似的追赶一头野猪，或是一群穿着绿色伪装服的助猎者悄悄爬向一群草原鹿，又或者是一个拿着可升降弩的徒步行走的人。家养的兔子在当时最豪华的养兔场里徘徊，野兔在比利牛斯山脉上飞快地奔跑，被引诱到一片绿茵中一个精心设计的网格状迷宫或陷阱里。野猪会像装甲车一样冲锋，只能不光彩地将它引入一个满地成熟果子的茂盛果园里，让它屈辱地死于一个事先挖好的坑里。

书中有一两幅图展示了猎物死后被肢解的情景，一旁熊熊烈火上的汽锅和烤叉在为一场庆功宴做准备。伴随着肉被烤焦的原始香味和肥肉被烤得滋滋作响的声音，加斯东会主持烤肉的分配。在其他一些插画中展现了猎狗也得以分享美味

加斯东·费布斯和猎人们，出自《狩猎》。

的场景。为了奖励它们的英勇表现，侍者们在一个大盆里为它们准备了浸满被屠杀的野兽鲜血的陈面包。

照料和杀戮

加斯东的文字中展现了他对动物的深厚情感和熟悉，同样也显示出他的狩猎知识。“野兔”，他说，“is une très bonne petite bête”（一种十分可爱的生物）；“追逐它们的乐趣没有任何一种动物可以给予”。它们机灵地旋回，留下了一张复杂的行迹网，让这场追逐格外有趣。（对于猎人来说的确如此，可是对于这种可爱的生物来说呢？）他还称赞野猪的勇气，在它们愤怒时会如何表现，在

加斯东·费布斯，《猎兔》，出自《狩猎》。

受伤甚至面临死亡时都不曾退缩求饶。“C’est une orgueilleuse et fière bête et périlleuse”（这是一种骄傲而富有战斗力的野兽，也十分危险）。鹿因其智慧和狡猾而得到加斯东的尊重：“它比人类和其他野兽更聪明的两件事——它对植物和草本的气味更为敏感，熟悉它们的益处，相比其他生物，它有着更加精明的自我保护意识。任何一个猎人，无论多么富有经验，都无法掌握它微妙而迂回的行动方式。无论多么优秀，没有任何一个猎人和猎犬能幸免被带入它们狡猾的陷阱。”

作为战事的准备训练，同时作为一种以男子为主的贵族运动，以及一项健康的户外活动，狩猎也有着其黑暗的一面，它代表了一种典型的社会现象，最终激化了欧洲的百年战争，并伴随着黑死病的扩散，将苦难和悲剧扩散到每个角落。魅力四射、大权在握的加斯东也有着他的黑暗面，他残忍地抛弃妻子，并杀害了唯一有合法继承权的儿子，这些都从未被合理解释过。人类对于捕杀动物的嗜血喜好可以被视为高哥特文化的一面，却很难与手抄本里迷人的小插图中精致而欢乐的生物相融合。

狩猎宴席

狩猎期间会有茶点提供，就像我们在《狩猎》中看到的狩猎野餐图一样，这里遵循着严格的等级制度，并以此分布席间的优先顺序。加斯东·费布斯和他高贵的同伴坐在一张有着常规亚麻桌布和饰品的搁板桌上，侍者将用刺绣长餐巾裹着的预先准备好的精致美食献上，与随后呈上的血腥的烤肉形成了鲜明的对比。猎人们认真地讨论着不同猎物的粪便，比较着一些采样。仪式般的姿态和优雅的身体语言使大臣们的餐桌显得格外引人注目，而其他家臣则随意躺坐在草坪上，手里紧紧握着肉块，猎狗喝着用于冷却葡萄酒的溪流中的水，被柳条做的围栏困住的饥饿的马似乎试图越出栅栏。

和维斯康蒂一起见证现实主义与美食的相遇

另一个猎人和艺术家拥有共同兴趣的例子来自艺术家乔万尼奥·德·格拉斯和他的资助人吉安·加莱亚佐·维斯康蒂14世纪90年代在米兰的合作。《维斯康蒂时祷书》中的鹿和猎犬被乔万尼奥充满同情地描绘，它们是为狩猎而饲养的，并被珍爱照顾直到生命的最后一刻。维斯康蒂公爵是欧洲政坛上一位了不起的政治家，在他的统治之下，意大利北部大部分地区几乎全部统一起来。除了装饰精美的手抄本之外，他还珍藏了包括豹子和大象在内的动物标本，其中许多动物都被他悄悄地暗藏在祈祷书的页边花纹里。他和乔万尼奥似乎都对动物有着浓厚的兴趣，在书中许多页面中都出现了真实的动物肖像而不仅是文字描述。本书第140页的图，用于装饰《诗篇118》中某页的底部：吉安·加莱亚佐深情地凝望着他左边的爱犬，而爱犬也专注地看着他；右边是一只为狩猎而饲养的鹿，和猎狗一样美丽的生物，被人类珍爱着。这些动物也在乔万尼奥的速写本中出现过，看起来更像是他为喜爱的动物画的私人收藏，而不是他声称的工作室用的模型书。其中有豹子、野猫，但一张雄鹿的画像显现出一种超越了猎人视角的崇敬。

《狩猎野餐》，出自加斯东·费布斯的《狩猎》。

狩猎野禽

邦维奇曾描绘过意大利北部的水景、灌溉作物、野鸟和鱼类。在野外被猎杀的天鹅、鹤和苍鹭，通常被饲养在舒适的树林或沼泽中。人们在这些地方用弩追逐鹤类，这种方法也被加斯东·费布斯所推荐。但是更加浪漫以及贵族气质的做法是用鹰猎，训练猎鹰在空中抓捕鹤或苍鹭。由神圣罗马帝国皇帝腓特烈二世撰写的13世纪狩猎手册《鹰猎术》，描述了幼小的苍鹭是如何被驯服和训练的，以及作为鹰的训练道具它要经历怎样的可怕历程。人们鼓励鹰猛扑向苍鹭背上的诱饵。当鹰学会降落在这弱小的鸟儿身上时就能得到一些奖励，但愿可怜的苍鹭也能得到类似的回报。鸬鹚的肉被认为不足以成为人类的美食，但它们也有其用途，正如我们在卡巴乔的一幅威尼斯潟湖上狩猎和捕鱼的场景中所见到的，顺从的鸟儿正在被训练如何捕鱼。鸬鹚十分温驯而聪慧，它们可以像猎鹰那样被训练成狩猎伙伴。它们的脖子被绳子紧紧地缠绕住，以至于无法吞咽大鱼，可怜的鸟

乔万尼奥·德·格拉斯绘制的吉安·加莱亚佐·维斯康蒂的头像以及他的狗和鹿，出自《维斯康蒂时祷书》，14世纪晚期。

儿只能放弃嘴里的鱼，任其被猎人夺走。作为奖励，它们得到了更易吞咽的小鱼苗。盖蒂博物馆收藏的这幅神秘的潟湖景色展现了一个家常场景的上半部分。这幅图的下半部分中，我们看到两位闷闷不乐的威尼斯妇人无所事事地在家里闲坐，之前她们曾被解读为妓女，而现在被认为是拥有身份的主妇。她们的男人去了潟湖，不是为了钓鱼（鸬鹚负责捕鱼），而是把玩着十字弩上的泥质弹丸打发时间。有些艺术分析认为这幅画刻意地展现了爱好运动的男性（他们是绅士而非普通渔民）和习惯安静的女性间的差异性。这些女性被包围在昂贵的世俗商品，以及象征着家庭美德的符号之中——栏杆上那株插在花瓶里的将两幅作品的局部联系起来的百合花，还有那些狗都暗示着贞洁、忠诚和顺从。这幅画中上半部分的局部显示了运动与严肃的资源收集的结合，这能帮助我们洞察到当时的捕鱼方法。

猫吻余生

正如邦维奇·德·拉·里瓦1288年沾沾自喜地表示，意大利北部的河流和池塘里充满了鱼："我们的渔夫声称他们几乎每天都能捕到超过400条鱼，为城市带去了大量种类丰富的鱼——鳟鱼、牙鲷、白鲑、丁鲷、河鳟、鳗鱼、八目鳗、小龙虾等等，有大有小，来自我们国家的18个湖泊、60多条河流，以及不计其数的山间溪流。"

当博物学家第一次将注意力转向鱼类时，他们发现了近距离观察的必要性，但在当时，现代的分类体系尚未出现。而且，容易腐坏的研究对象也十分令人头痛。著名的博物学家乌利塞·阿尔德罗万迪在远离海边的博洛尼亚的一所大学，他依赖一位居住在亚得里亚海岸里米尼的同事科斯坦佐·费里奇为他采集标本来进行研究。沿艾米利亚大道长途跋涉运来的鱼儿可能已经奄奄一息，但身边的灾难则可能更为致命：一只正好路过的猫可能从厨房餐桌上一口咬住这只珍贵的标本，并不可逆转地摧毁了它。阿尔德罗万迪委托一些当时最优秀的画家记录下了那些幸存的鱼类：一些尤为珍贵的鲂鮄科成员，还有魟鱼和羊鱼。

维托雷·卡巴乔，《潟湖上捕鱼》的局部，15世纪90年代，板面油画。

米兰的奇迹

鱼并不是涌入13世纪米兰的唯一事物。《米兰城市的伟大》，记载了这座城市的奇迹，它是邦维奇·德·拉·里瓦对他故乡的歌颂。书中用丰富的辞藻详细地描述了这座城市的美妙之处，他谨慎地用词，既不过分恭维，也不会激怒到维斯康蒂，其中大量的描述性细节应该不只是纯粹的夸张。这位温和的作者将坎帕纳尔主义[1]和统计学有趣地结合在一起。人们也许会在阅读这种新颖的结合方式和谄媚的语言时挑起眉毛，但邦维奇的阐述完全令人信服。他列举了米兰所有的工艺和行业，包括鱼贩。在对1000多家酒馆的描述中，邦维奇用了一个十分隆重的词："光荣"。我们还注意到城市里有40间写字间，在那里，辛劳的抄写员复刻着书籍，他们也因此得到了足以支付面包和日常所需的薪酬。有300家民间面包店，还没算上修道院里的烤箱；还有440家肉铺每天为城市带来了屠宰好的新鲜肉类——70头牛。在可以食肉的日子里，还有绵羊、羊羔、山羊等，以及大量的禽类：阉鸡、母鸡、鹅、鸭、孔雀、野鸡、雏鸡、鸫、鹌鹑、鹧鸪等；在无肉日里，蜂蜜、牛奶、奶酥、里科塔干酪、黄油、奶酪、鸡蛋和小龙虾会被送入城市中。

米兰是一座周围环绕着肥沃田地的繁华城市，有30万对水牛在田地上耕犁，生产出大量的谷物、豆类、蔬菜、水果和坚果运往市场，还有大量的富余可供出口。这座城市中的蔬菜农场一年四季都能提供新鲜的蔬菜和香草——多种卷心菜、甜菜、菠菜、生菜、芹菜、茴香、大蒜、洋葱、欧洲防风、萝卜、香菜、罗勒、欧芹、薄荷、香薄荷、马郁兰等，既可生吃也可熟食。还有锦葵、琉璃苣、芸香、罂粟等以及许多现在已不再使用的植物。

全年都能享用到水果，有在5月到7月间成熟的酸甜樱桃，7月到10月间成熟的几乎无限量的各种李子。同时，还有一年初期的苹果、梨、无花果以及一些杏仁、山茱萸、枣子、杏子、野榛子，还有多到难以置信的核桃（承包一整年的餐后点心，也可将它去壳、去皮，和奶酪、鸡蛋和胡椒一起捣碎做成馅儿）；接下

1 Campanalismo，指一种对自己国家或城市及其传统的依恋与崇敬之情。

雅各布·里格其为乌利塞·阿尔德罗万迪绘制的飞鱼，16世纪晚期，钢笔淡彩画。

来有冬季的苹果、梨、柑橘、石榴，以及7月到12月间，大量不同种类的葡萄。然后是栗子，有两种（他列出了它的所有的用途），枸杞，还有一些橄榄和月桂果子。不过邦维奇没太提及干果和所有的香料都需要极为灼热干燥的生长环境。他称赞伦巴第的优良气候，那里几乎全年都舒适而温暖，有着清澈的溪流和茂盛的草原，还提到了不断供的纯净饮用水。气候变化和工业化已经使这一理想画面不复存在，但邦维奇的描述为我们保留了中世纪米兰城市生活的可爱面貌。

无关于现实主义

邦维奇可能曾徒劳地尝试在所能找到的草药学手稿中搜集准确的植物图示。本书第146页这幅园丁工作图能给予我们关于植物的信息很少。许多早期草药志

一条河上的磨坊，出自《塔尔伯特·什鲁斯伯里之书》，在鲁昂绘制，1444—1445年。

里的装饰性标本插图都是如此，往往有着迷人的设计，但植物学信息却少得可怜。水果、蔬菜和豆类是日常饮食的重要组成部分，是动物和大多数人的日常营养来源，但很久之后它们才被人认为是美味和健康的。从艺术作品中发现的水果和蔬菜的种类竟然远远超过了常见的肉类和鱼类，它们不仅会出现在市场摊位上，也偶尔出现在静物画、风俗画以及宗教题材的作品的背景中。罗马墓室里装饰着绣着水果和植物的帷幕，并被后来的艺术家们所效仿，我们可以以此推测这些植物和水果必然是当时他们所熟悉的——曼特尼亚所钟爱的柑橘，或是庞贝城壁画上的石榴，又或者是祈祷书页脚上的樱桃花纹。植物和水果没有出现在洞穴艺术中，那些非常依赖植物作为食物的艺术家从来没有将植物画在他们崇敬的动物旁边。然而，关于植物，采猎者必然与动物有着类似的本能认识——哪些是健康有用的，哪些是致命或需要远离的——但他们没有为这些智慧留下任何视觉记载。其中一些知识无关美食，被写在早期的草药学手稿中，常配有插图，有些很实用，有些却奇怪地毫无信息量。在泰奥弗拉斯托斯[1]的现实主义植物绘画之后，草药志和动物寓言集里的现实主义和准确性都有所倒退。后来的拜占庭艺术，在公元1世纪，并没有向自然主义发展，因此那些可食用植物的图画可能是在临摹早期手抄本中的图像，而不是来自生活。中世纪的植物手册在我们看来类似于动物寓言集，其中结合了关于植物的知识和传说，用来自想象的插画进行注解。被食用和药用的植物的特性知识由当地的治疗师和医生口头传授，而非通过书本。

动物寓言集和草药志在柏德利图书馆[2]里的一本12世纪手抄本中相遇了，矢车菊与传说中对草药和救济有着特殊知识的神话生物“半人马”一起出现在插图中。早期的历史学家认为这些略显粗糙的装饰性图画是黑暗时代的无知和蒙昧主义的缩影，那些医师必然是群愚昧的人，医疗条件也很糟糕，但普通百姓还是以某种方式生存下来并得以繁衍。中世纪的人似乎很愿意将植物和动物赋予某种象征意义，而草药师、医师和厨师依赖大多没有插图的文字记载，以及大量的代代相传的基于经验的知识。

肉食主义的欧洲

蔬菜、谷物和豆类是大多数人主要的饮食组成，但过去的医师认为它们是不那么健康的食物，那时医学理论对肉类更加友善。自希腊时期以来，肉制品被医师在诸如“四种体液”（见引言）以及各种饮食和佐料的食谱之中被描述得比它本身更为健康，隐藏了其可能的危害。含有猪肉的苹果酱，或是带有羊肉的红醋

1 Theo-phrastos，（约前371—前287年），公元前4世纪古希腊哲学家和科学家，接替亚里士多德领导“逍遥学派”。著有《人物志》《植物志》等。

2 牛津大学主要图书馆。

在阿普列乌斯的手抄本中，正在工作的园丁或是草药师在照料无法辨认的植物，1200年。

栗果冻、含有牛肉的芥末酱，以及汉堡中加上带着酸甜果味的番茄酱，都是遵循了沿用至今的体液学说的搭配。它认为寒冷而潮湿的东西可以抵消不同肉类里的热性和干燥的特质。不过，肉类在整个历史中都被认为是一种必要的健康食物，而且它并不总是只有富人才能享用的奢侈品，在过去某些时期，它是丰富而廉价的。1328年至1351年，在黑死病席卷欧洲之后，农村人口急剧下降，造成牛羊牧场的面积增大，需要的人力很少，肉类变得廉价，而消费人口却少了。通货膨胀十分普遍，工人很少，于是他们的生活水平提高了，人们可以买到更多的肉类。

乳猪和小羊羔

并不是所有的肉类都是捕猎得来的。羊和猪在农庄里长大，而牛被用来拉车或犁，直到它们老得无法工作的时候才会被宰来吃。一大窝幼崽很难全部养活，便会以低价卖掉，因此小牛犊以及乳猪，还有小羊羔和小山羊比现在市场上的更多。如今乳猪是一种昂贵的美食，因为卖掉一头幼崽比等它长大卖掉的钱要少得多，因此农民会相应地提高价格。在《勒特雷尔圣诗集》中的一串烤肉中两只大型的禽类中间夹着一头小乳猪，这正好证明了我们之前所说的。

在早些时候，例如铁器时代中期的东约克郡，畜牧业已经足够发达到将猪饲养到成熟期，因此烤乳猪作为一种献给死者的尊贵祭品，是威顿的葬礼祭品中十分重要的一项。制作这道珍贵美食并将其呈上餐桌的过程，以及像香火一样萦绕在墓地里的香气，使这份葬礼大餐成了一场告别仪式。

浑身是宝的绵羊和被献祭的羊羔

绵羊也在历史上留下了自己的印迹，它们为人类提供了羊毛、羊肉以及制作奶酪的羊奶，带来了丰厚的收入，也迫使大批农民离开原来的家园。羊毛制造者想以建造华丽的教堂赚取财富，而在这过程中他们毁掉了所有的村庄。《勒特雷尔圣诗集》中一幅图展示了一只绑起来的被挤过奶和剃过毛的绵羊，暗示着两种赚钱的商品——奶酪和羊毛——它们使得中部地区和东安格利亚富裕了起来。

这幅插图将“半人马草”或矢车菊人格化，出自阿普列乌斯的《草药志》手稿，1200年。矢车菊以希腊神话中发现草药的半人马喀戎来命名。

除了实际商业价值之外，羊羔也有献祭的意味。即使是在平淡无奇的厨房画面中也能找到共鸣，那只被捆绑的可怜祭品提醒着人们基督教故事中的牺牲和重生。在这里，一只普通的羊羔围绕在春天的花朵之中，有着约瑟法·德·奥比多斯[1]所有宗教绘画中单

1 Josefa de Óbidos（1640—1648），葡萄牙画家，是葡萄牙最多产的巴洛克艺术家之一。

纯的信仰、多愁善感和甜腻。这位艺术家一生都生活和工作在17世纪的葡萄牙小镇科英布拉和奥比多斯。她大多来自宗教机构的主顾都中意于这种风格。不过在静物画中，这位艺术家展现了更为强烈的现实主义色彩。她有着修道院的教育背景，从她父亲那儿学习绘画，并形成了自己的绘画风格，为自己赚取收入，是位似乎十分享受自己职业生涯的独立女性。

猪和它们的肉

猪是一种重要的肉类来源，也许它是人类最喜爱也最讨厌的动物之一。羊和牛可以提供其他产品（牛奶、羊毛、皮或劳动力），但是来自猪的丰富可食用部分及其美味的副产品使它同样成为一种珍贵的动物。它们可以被饲养在农场里，以橡子和栗子这样的野生作物而为食。猪以多种形式在艺术作品中出现，有温驯的也有骇人的。

在整个历史中出现的猪的各种名字显示出我们的矛盾心理，我们用于这种动物以及它的肉上的词语透露出不少与它相关的历史以及它在我们饮食中的地位，事实上也是关于我们自己的许多信息。猪可以是一种令人害怕和厌恶的不洁的生物，也可以是一种温和的令人喜爱的食物来源。我们对这种动物的双重态度反映在我们的行文、谈论它们的时候使用的词语，以及它们在艺术与文学中的形象里。猪，具有黑暗邪恶力量的化身，以及友好的多种食物的提供者的双重身份，在不同的文化中以不同的名字所称，以不同的形象出现的艺术中，有的富含深情，有的令人畏惧。说一个人是pig、sow或者swine，都代表着不同的含义。

猪和圣人

圣安东尼广为流传的形象展现出了我们对于猪认知的两面性。这位圣人常常以祝福的姿势出现，脚边躺着一头休息的猪。圣安东尼是生活在公元250年左右埃及的沙漠教父之一，他被魔鬼纠缠，而这头猪就是给他带去麻烦的幽灵之一。猪在这里是一种野蛮而黑暗的动物，象征着异教、贪婪、淫欲，以及苦行僧们努力克服的离经叛道的想法，因此常常会看到圣人将它们踩在脚下践踏的画面。（他在自我加强的孤独中忍受着饥饿、无聊、懒惰和肉欲，通过祷告、禁食和编织篮子消减这种孤独。）但几个世纪之后，猪和圣人之间的关系改变了，安东尼的形象成了那个仁慈的圣人、生灵的守护者，保佑着所有的家畜，特别是可爱聪明的猪。它不再被踩在脚下，而是在它的保护神安全的庇佑之下。粗暴的野猪变成了温柔的小猪。圣安东尼的追随者在沙漠之中建立了一个修会，到了中世纪，又在法国建立了一个分支。这个修会类似于本笃会，强调工作、祈祷和农业的重要性。这位圣人逆转性地成了所有农场动物所爱戴的守护者。

牺牲和屠杀

一群正在欢乐地觅食的猪可能会对行人造成危害，画家乔托就曾被一头猪撞倒过。当他的同伴对这位了不起的人物受到的如此不敬感到震惊时，他笑着说到，他曾用它们的鬃毛制作了许多画笔，这一点点的暴力就当是小小的报应了。

作为优秀的松露猎人，猪的智慧得到了赞赏。我们在杀猪的过程中看到从亲切的关怀、残忍的屠杀到感恩地消费的循环，几乎是祭祀般的仪式，充满了宽恕和救赎，对使我们得以生存而牺牲的生命心怀感激，而这一切要归功于人类屠杀和保存肉类的技术。

在格拉斯哥的布雷尔收藏馆中一幅名为《忙乱的主妇》的挂毯上，一头猪陪伴着这位瑞士主妇，走在她的骡子后面。她胸前抱着一个婴儿，肩上的篮子里装着家禽，骡子的鞍上挂着家用器具，后面跟着一群动物——猪、山羊、羊羔、牛，一只无法辨认的高山动物，还有狗和走在前面的一只宠物猴。标注上粗略地翻译着："因为这些物质财富，我得到尊重"（Ich het husrat genug wer ich sus imas fuog）。

约瑟法·德·奥比多斯，《祭祀的羔羊》，1670—1684年，布上油画。

围栏中的羊，因羊毛和羊奶而被人珍爱，出自《勒特雷尔圣诗集》，1325年。

兔子，圈养的和野生的

家养或野生的兔子都是日常饮食的重要组成。许多中世纪建筑都包含兔子圈的结构，例如《勒特雷尔圣诗集》里的那个。兔子在那里繁衍并受到保护，直到它们成长为盘中的食物。在描写节日宴席或是更朴素的餐桌画面中经常可以看到它们被整只烤熟。

猪和橡子，来自14世纪晚期的手抄本《切瑞蒂家族的四季》，《健康全书》的另一个版本。

狩猎笔记中以生动的细节展示了将运动与畜牧业结合的各种方式，以及诱捕和杀戮可以多么的有趣，就像先前加斯东·费布斯描述的那样。这些半野生的兔子以带有香气的植物和草为食，但并不比那些农场里圈养的兔子更有价值。在农场中，兔子常常被视为经济作物由农夫的妻子饲养，用以在市场上出售换取糖、盐或其他家政用品。一定量的干草和谷物就能养活一只拥有鲜嫩肉质的动物，这是早期养殖食物的例子。

走进市场

中世纪意大利的土地耕种和当地贸易往来的市场都显示在安布罗·洛伦泽蒂

为锡耶纳市政厅所绘制的壁画上。他描述的“美好政府”的美德表现为一座繁荣的现代城市，少女们在城内的街道上跳舞；绵延起伏的宁静原野中，富裕的农民和商人在维护良好的道路上行走，农民将农产品带去繁忙的市场或是在宁静的田地里工作。这正是在内战、瘟疫和自然灾害时期人们所追求的理想状态。他同样也描绘了作为对比的恶劣政府所带来的恐怖景象：城市和村庄被劫掠的军队所摧毁。这片精耕细作的托斯卡纳土地也是米开朗琪罗素食菜单的食材来源。

在本书第156页的壁画局部和同页的锡釉彩陶罐上可以看到著名的托斯卡纳琴塔猪和它的白色腰带。壁画中的猪正在被赶去市场。

屠夫和肉铺

在《健康全书》中可以看到各式各样的肉铺，其中还展示出了猪各部分的肉、内脏和身体部位。动物被完整地带到镇上然后宰杀，切割成预先准备好的大小，而肉会在当天卖出。这些肉在僵硬之前都十分鲜嫩，主顾会根据天气和分割部位将肉挂起来。斯卡皮在他1570年所著的《烹饪的艺术》一书中清楚并详细地在肉类章节中阐述了这一点。所以神话中所有的动物，特别是猪，都会在秋季宰杀并在冬季腌制或晒干的说法并不一定真实。很多猪都在冬天喂饱，再在需要时宰杀，这样富人在一年四季都有充足的新鲜肉类供应。

在本书第157页的肉铺场景中，我们可以看到整扇的新鲜猪肉，以及悬挂在钩子上的一只腿和肝脏。这头不幸的动物的血被用罐子收集起来用来制作黑布丁。一名屠夫正在用匕首切割它的脂肪。

咸肉店展示了各种腌制的肉，有整扇的，还有一些肩膀肉，切成可以通过图上棕色的色调来判断它们是腌渍的、晒干的还是烟熏的。一位顾客肩上扛着一整扇的培根肉艰难地回家。

在这张图中可以看到，屠夫正在切割腌制过后硬邦邦的肥肉，先切成条状，再切成小块。条状的肥肉会被放在瘦肉之前煎烤以“润色”，而块状的肥肉用于

圣安东尼，来自一幅1874年意大利流行的年历。

关于琴塔猪的细节描绘，来自安布罗·洛伦泽蒂1330年的壁画《良好政府的寓言》。

烹饪菜肴之前，与切碎的洋葱和大蒜一起炒，或是作为禽类肉馅或是香肠的部分填充。我们所说的猪油是由凝固的脂肪块制成的。将脂肪块切碎放入汽锅中加热，直到整个脂肪都液化，剩下酥脆的油渣，今天仍作为一种美味佳肴出售。提纯的脂肪可以倒入罐子中并作为烹饪材料储存起来。猪脂肪，无论是制作成猪油，还是腌制成片状的培根，作为烹饪材料或调味品，都有着众多的用途。这只储存罐让人们意识到这种珍贵商品的重要性。

《健康全书》中记载过的猪背部凝固的脂肪至今仍是一种美食。意大利熏腊是在托斯卡纳，靠近卡拉拉的隆纳塔的特产。这种食物无视健康规则，用一种特殊品种的猪的脂肪在大理石水槽中用盐和香料制作，并在当地小气候的洞穴中熟成。（克拉多・巴伯里斯将其称之为"健康恐怖主义"。）大块的面包加上几片这种精致的腌肥猪肉是贫穷的劳动阶级典型的日常饮食，也是《健康全书》的贵族读者们的美味小吃。

较软的皮下脂肪也可以融化。内脏周围的脂肪像一张强劲而带有花边的网，可以在热水中软化并伸展，是肉丸、肉馅或是瘦肉块的理想外壳。那些放在烤叉下用盛液盘收集的烤肉的汁液被过滤后也可用作烹饪材料。

《健康全书》里的一些小型商铺也售卖猪头、猪蹄和各种内脏，看起来都十分诱人。图画中毫不吝啬地描绘了这些未曾提到的部位，以显示它们有多美味。在其他一些画面中我们还看到妇女准备和烹饪牛肚的画面（清洗构成一头牛的消化系统的胃部构造是整个烹饪过程中最不愉快的任务之一，但是没有任何一种食物可以和艾米利亚的家庭餐厅制作的牛肚媲美，那令人毛骨悚然的清洁过程也可以使我们对传统内脏饮食有所了解）。

走进磨坊

在中世纪，商业烤箱会集中制作用于贩卖的面包，同时也能定制面包。《健康全书》中展示了从樵夫工作间歇时咀嚼的粗糙的黑面包，到绅士们享用的精细

围栏里的兔子局部图，出自《勒特雷尔圣诗集》，1325—1340年。

的白面包卷等各种不同种类的面包。据邦维奇·德·拉·里瓦统计，13世纪晚期的米兰有超过300家面包店，再加上在修道院社区经营的100多家，更不用说城市的水道边有900多家磨坊，每家研磨的谷物都足以养活400个人。“无论你怎么计算，”他夸张地说道，“意大利一些城市的居民吃的面包比我们米兰的狗吃的还少。”从布鲁诺·劳里奥的统计数据中可以看出这可能是真的，统计数据表明，在某些情况下面包的日人均消耗量能高达1.5公斤，例如1430年阿尔勒大主教的家庭。面包是主食，是蛋白质和卡路里的主要来源，而日常饮食的其他部分实际上只是附属品，是和面包一起吃的，比如少量的奶酪、肉、蔬菜，等等。在专注于描绘18世纪意大利北部农民和下层阶级生活、富有同情心的贾科莫·切鲁蒂的一幅静物画中，我们看到一种典型的由面包、葡萄酒、萨拉米腊肠和核桃组成的小食组合。

斋戒和日常饮食

富人肆意的消费和穷人微薄的食物形成了令人不安的鲜明对比。介于两者之

走入市场，来自安布罗·洛伦泽蒂的《良好政府的寓言》的细节。

一个锡釉彩陶罐，也许是用来盛猪油的，上面展示了琴塔猪。

屠夫正在切割凝固的猪脂肪，出自14世纪晚期的伦巴第出品的《切瑞蒂家族的四季》手抄本。

间的，是教会以及选择简单进食坚持苦行的个人饮食。在古代晚期，沙漠教父认为有必要摆脱有条不紊的宗教形式，企图通过独自祈祷、禁食以及禁欲的方式接触上帝。在公元3世纪，有一些人从他们的修道院移居到埃及的沙漠，每个人都生活在各自的封闭空间中，避免与世界其他地方接触，依靠泉水、干果、野生植物以及善良的邻居施舍的面包为生。这幅理想化的15世纪隐士生活景象，庄严而宽容，在与人接触与保持孤独间找到平衡。隐士们可能曾经以为自己的隐居生活会像圣徒传记中那样吃着朴素而乏味的食物，但他们的实际经历与此大相径庭。埃及早期修道院中成千上万的纸莎草上的文献记载了修道院的农业资产、他们的租金和收入，连同植物考古学上的发现，历史学家玛丽·哈洛和温迪·史密斯根据这些复原了僧侣们可能喜爱的美味食谱。隐士们的竞争禁欲主义、他们对于食

描绘着面包、萨拉米和坚果的静物画，18世纪50年代，布面油画。

物以及其影响的担忧，以及他们痛苦的欲望与自我牺牲，都需要通过一小撮小茴香来安抚。在尼罗河漫滩的肥沃耕地上以及果园和菜园里，挖掘出了多达49种的不同粮食和作物。耕地上种植了小麦，还有大麦以及大量的鹰嘴豆、扁豆、蚕豆、豌豆、羽扁豆（一种至今仍在地中海国家被享用的豆类，需要浸泡来消除苦味，在街角被当作一种叫passatempi的零食贩卖）、洋葱和韭菜。菜园和果园里也有农作物：甜菜、卷心菜、萝卜、芹菜、胡萝卜、黄瓜（甜瓜），还有草本类的小茴香、茴香、马齿苋、芸香、莳萝、香菜、葫芦巴、罗勒，以及水果，例如无花果、桃、桑葚、石榴、枣子、柑橘、葡萄和橄榄。红花、橄榄和亚麻籽可用来榨油。还有从西尼埃引进的杜松子作为额外的调味品。

在开罗以南330公里的克木·埃-纳纳的动物考古学研究揭示了关于畜牧业的信息。我们发现古代晚期的修道院似乎

杰尔拉多·斯塔尼纳约在1410年全景画卷的中心部分，描绘了埃及西拜德地区旷野中的僧侣们。

很喜欢食用猪、山羊和牛的肉，这些动物会经过熟练的屠宰，并以各种方式烹饪。因此，放弃肉类是肉食体系里一项严肃的选择，圣安东尼的小菜园和他与家畜的融洽关系也许并不是一个中世纪传说，而是接近日常真相的现实。

一成不变的宁静和乏味

我们之前已经看到圣安东尼，最早期且最著名的沙漠教父之一，如何通过祈祷、禁食和编织篮子来减轻来自饥饿、麻木、肉体诱惑带来的孤独和痛苦。后来的彼得·达米安也经历了同样的苦难，他发现可以通过写作缓解：

> 教皇陛下，你必须知道，我亲爱的父和主，我已经着手写下几部小作品。事实上，我可能不会把它们放在教堂的布道坛上（这是冒昧的），但如果不做点什么，我将无法忍受这停滞的宁静和一座偏僻房间中的乏味时光。作为一个不知道如何在体力劳动中挥洒有益汗水的人，

我选择写作，我会用沉思的皮带抑制我徘徊而带着淫欲的心灵，这将更易于驱赶溢出的思绪和持续的倦怠。

除了写作，为了战胜停滞的宁静，编织篮子的技术需要双手和心力，制造出一种经济作物在市场上出售或是用以换取面包和食物。圣安东尼的追随者们后来在法国建立了一个修会，与本笃会相似，强调工作、祈祷和农业。到了那个时候，这位圣人被尊为了所有农场动物所爱戴的守护者。

改变的意识形态

营养不良和运动的缺乏使一些沙漠教父产生了抑郁和沮丧的情绪，根据皮耶罗·坎柏雷思的说法，超越虚弱身体的意志会成为幻觉体验，而幻象和脱离肉体的状态加强了隐士们的正当或不正当的欲望。圣希拉里昂离开了他在巴勒斯坦富裕的异教徒家庭去拜访安东尼，安东尼鼓励他前往加沙以南的贫瘠土地，少食粗衣，过一种流浪的隐士生活。他的传记记者杰罗姆这样描述希拉里翁的饮食：

从20岁到27岁，最初3年，他的食物是半品脱用冷水浸湿的扁豆，后面3年是干面包加盐和水。从27岁到30岁，他以菜本和某些灌木的根茎为生。从31岁到35岁，他以六盎司的大麦面包和无油的微熟蔬菜为食。但他发现自己的视力越来越模糊，身体因结痂的疹子和干疥疮而萎缩，他在从前的食物里加了油，但仍然没有水果和豆类或者其他食物，以食用这样温和的食物直到他生命的第63年。当发现自己的身体每况愈下，他以为死亡即将来临，于是从生命的第64年到第80年，他弃绝了面包。他精神上的热情是如此的旺盛，以至于当其他人开始习惯于有些松懈的生活时，他表现得仍像个刚臣服于主的新人。他将粗面粉和草药制成某种汤汁，食物和饮料加在一起不足六盎司。另外，在遵守这种饮食规则的同时，他从未打破过日落前的禁食规定，即使是在节日或者身患重病的时候。

营养上的保佑

最好在中东日常饮食的语境下去理解这种严苛的饮食体系，塔博勒沙拉——一种浸泡过的小麦和切碎的新鲜草本的混合物，加上盐、柠檬汁和橄榄油，是今天黎巴嫩菜里的明星之一。这并不是黎巴嫩菜的专利，因为小麦加工的传统在中东大部分地区都很常见。先将谷物煮得半熟，然后晒干、碾碎或研磨成较粗糙或精细的面粉，再将其煮沸，或者在这种情况下浸泡一下等其软化，然后将其与切碎的草本和调味料混合。如果当时是将它一起带入加沙的话，希拉里昂的营养上就有了保障，其中包括丰富的卡路里和碳水化合物，大量的钙、磷、维生素B族和铁。六盎司能支撑很长一段路。大麦面包和轻微煮熟的蔬菜，特别是他凭借良好的直觉添加了油，形成了很好的膳食结构。

到了14世纪末，《健康全书》中开始将小麦作为一种营养而健康的食品。我们看到一种用干裂的小麦做的汤，或是以一盘普通的煮熟的小麦粒作为精致的一餐的一部分。在今天的中东，仍有一些食谱和我们的隐士们所吃的食材相似——一种亚美尼亚汤，包括牛关节、蔬菜布格麦[1]，还有伊拉克北部的一种早餐，将小麦浸泡一整晚后，将其与带骨的肉一起烹调。一个流浪的隐士很有可能携带着一袋布格麦或是一袋碾碎的小麦，并用野生植物和泉水准备了一些类似塔博勒沙拉的东西，这使他们以非常优美的身形存活了下来。

本笃会膳食

宗教人士和世俗人世都要遵循教堂立下的关于节俭和禁欲的规则，包括不食肉，以及在某些日子不吃奶制品和鸡蛋，甚至限制了可食食品的数量。这不仅仅适用于大斋节的40天，也适用于一周里的某些天，主要是星期五，以及额外的赎

1 Bulgur，由硬质小麦研磨去壳而得，常见于欧洲、中东和印度菜。源自土耳其。

索多玛为大橄榄山修道院绘制的一幅壁画的局部，展现了本笃会膳食，1505—1508年，锡耶纳。

罪和忏悔的日子。《圣本笃规则》，基于圣本笃的智慧，写于6世纪中期，旨在给渴望建立工作和祈祷的共同生活的基督团体一些指引。它并不企图成为后来修道院的蓝图，尽管结果正是如此。圣本笃来自意大利马尔凯的诺尔恰的一个富裕家庭。对于自己松散的生活方式以及罗马奢靡生活的悔意，促使年轻的贝尼迪克特远离尘世来到苏比亚科附近一个崎岖的岩石山谷中的洞穴，开始寻找自我认知的隐士生活。他用平和的视角观察冥想中的生活是如何建立的，而他人生的大部分时间都被用来帮助其他群体做到这一点。他的常识和绝对的虔诚为后来的修道院生活提供了指引和规则。

他在规则中推荐一日两餐的饮食，每餐有两道熟食，包括一磅的面包以及刚刚四分之一升的葡萄酒，有时由僧人独自用餐，有时与人共用。规则中使用的是经典的罗马测量单位hemina，相当于半塞斯特[1]，可能那时的计量标准已经模糊，也许是贝尼迪克特故意在葡萄酒的计量上留有余地，因为他知道葡萄酒是意大利中部及南部美食文化中根深蒂固的一部分，是不可能被禁止的。

熟食大多是pulmentaria，这个名字由polenta（玉米粥）而来，也可能是用干豆和新鲜蔬菜做的汤，用修道院菜园里的草药以及动物脂肪调味，这似乎是被允许的食物，可以和其他油类一起给食物调味。腌猪肥肉、猪油、培根和炸猪油也都是允许的，这可以增加食物的营养价值以及热量。

新鲜蔬菜，包括洋葱、茴香、卷心菜、白萝卜、红萝卜、生菜、芹菜，还有鼠尾草、芸香、山萝卜、欧芹、大蒜和南木，以及牛膝草和苦艾等草药，还有一些厨房和药房用的花卉。豆类有扁豆、鹰嘴豆、干豌豆等各种豆类，但最重要的是一种既营养又美味的蚕豆，替代了肉。

除了最严格的斋戒日以外，鱼类是允许食用的。考虑到要建立鱼塘，在修道院选址时，靠近干净的水源是必要条件。养殖的鱼类包括了鳟鱼、鲑鱼、梭子鱼、鲤鱼、鳗鱼、鲟鱼和八目鳗。

手语和缄默

我们从11世纪克吕尼修道院的《习惯法汇编》（其结构和组织的摘要）中的手语信息里得到了许多关于修道院饮食的知识。事实上这不是一种语言，而是在需要保持绝对肃静的食堂和厨房用来进行交流的手势和姿势。沉默让僧侣们更接近那些景仰中纯洁而宁静的天使。平日里喋喋不休的谈话与戏谑被摒弃了。但就

1 sester，一种古老的罗马液体测量单位，大约相当于1英国品脱。

像艾琳·鲍尔所说的，用动人的手语系统取代“愚蠢的混乱”是危险的，那些手势，无论经过什么样的精心设计，都是用来禁止一种功能强大的语言，使那些闲话和陈词滥调难以表达。没有人能够用手语表达修道院副院长是个乏味的老家伙，也几乎没有任何关于这些手语的视觉信息：艺术家和雕塑家只能捕捉到一个流畅的手语或姿势表述中的一个瞬间，我们在泥金手抄本中看到的可能甚至不是利用手语进行交流的场面。幸好在《习惯法编绘》当中有各种手势及其意思的简明描述，以及一些非常有用的厨房和食堂用语。面包的手语有好几种——用拇指和食指做出一个圆形意味着面包圈。而其他用作代表更大面包的手势细分为四个部分，其中一种面包在烤之前需要先煮，也许是我们现在用于ciambelle[1]或者百吉饼的工艺最早被提到的一次。用来表示食物和配料的手语有超过30种，包括鸡蛋、蔬菜、小米、奶酪，各种鱼类、牛奶、蜂蜜、扁豆、大蒜、水果、饮料以及调味品，还有各种厨房用具：炖锅、过滤器，用来煮豆类以及炸猪油的特殊汽锅。

节俭和过剩

基督教教义中没有明令禁止的食物，但是肉类，特别是大块烤肉，不仅被看作是富人和权贵的特权，也被视为过于享乐，会使肉欲和贪婪罪恶滋长，所以在修道院饮食里受到严格的限制。鱼以各种形式出现在《最后的晚餐》中，诺里奇大教堂的天顶图中展现了八个人共享两条小鱼的情景。但是不同的本笃会团体对本笃会律戒有着不同解读，随着克吕尼和西多会教派规模和权力的增长，他们吸引了拥有军权和土地的名门望族成员的加入。这些身份显赫的会员期待修道院能为他们提供那些他们习以为常的高品质生活，包括充足的肉食和豪华的餐桌。彼得·达米安在11世纪拜访克吕尼的时候对这一点大发脾气，修道院院长雨果反驳他说，如果他彼得，来体验过严格的修道院戒律生活，包括八次祷告、吟诵赞美

1　一种意大利蛋糕，用面粉和煮熟的土豆做成油炸甜甜圈。

15世纪的插画，表现了修道院中修士们用手语交流，出自《圣格里高利会谈录》。

诗和布道，中间只有很短的休息和睡眠时间，再加上五小时不间断的义务手工劳动，他也会欢迎这种不太节俭的饮食。

一份尴尬的礼物

在12世纪的勃艮第，严苛的加尔都西会创始人圣布鲁诺和追随者们放弃了肉食。他和他的6个追随者得到了在格勒诺布尔的克吕尼修道院院长雨果的支持，他将这6位僧侣和他们的领袖安顿在偏远而宁静的沙特勒斯山地。雨果对他们的

诺里奇大教堂中殿的15世纪石刻天顶凸饰《最后的晚餐》，展现了朴实的一餐。

志向表示理解，也给予了他们实际的帮助，但非常奇怪的是，在大斋节[1]前的周日，雨果给了他们一些肉食作为不合时宜的礼物。僧侣们和布鲁诺苦恼地谈论着应该如何接受，或说如何处理这些肉，直到精疲力竭地睡着了。45天后的圣灰星期三[2]，他们被保护人雨果叫醒，惊讶地发现直到大斋节当日他们仍坐在那里，而肉还在桌子上，这时，肉奇迹般地化成了灰烬——他们的戒律得到了主的肯定，随之而来的就是布鲁诺和雨果的宣福礼。这件令人困惑的轶事可能在暗示在大斋节守戒之前分食肉粕是个明智之举，但是对于一些严格的分

1 是基督教的斋戒节期。据《圣经新约》记载，耶稣在开始传教前在旷野守斋戒祈祷40昼夜。教会为表示纪念，规定棕枝主日前的40天为此节期。

2 大斋节的第一日，设立在星期三是由于耶稣是在星期三出卖的。当天教会会举行涂灰礼，把去年棕枝主日的棕枝烧成灰，涂在教友的额头上，作为忏悔的象征。

弗朗西斯科·德·苏巴朗，《加尔都西会食堂中的格勒诺尔的圣雨果》，1633年，布面油画。

支教派来说则是个令人担忧的情况。这一切被几个世纪后的画家苏巴朗生动地描绘了出来。本页的画作精准地展现了修道院朴实的一餐。

愉悦的老年饮食

对许多人来说，暴食并非一种不可接受的行为，放弃暴食是另一种选择。像是在1580年的帕多瓦，高龄102岁的路易吉·科尔纳罗声称在他漫长而愉快的一生中，每日固定饮食是12盎司食物和16盎司葡萄酒。

这种对于平衡和适度的追求与沙漠教父提倡的自我牺牲和自我伤害相比简直是一股清流。路易吉·科尔纳罗这样描述他的饮食：

> 哦，老年人吃得少是多么愉快。我应该知道，人吃足够的食物只是为

了生存：首先是面包，浸在肉汤中，或是含有蛋液的汤，或是其他类似的美味肉汤中的面包。至于肉，我吃牛肉、山羊或绵羊肉，我也吃各种鸡肉、鹧鸪，还有诸如云雀的鸟类。我还吃鱼，像是咸水鱼金头鲷，还有诸如梭子鱼的淡水鱼。适合老年人吃的食物有很多，他们应该得到满足，无论是什么，尽管大多数都能找到。但如果一个老人买不起以上这些，那他可以吃面包或者泡汤的面包和鸡蛋……要保证食材的品质，并且他不能吃得过多。

面包的吃法很有趣。将干的或者放久了的面包浸泡在热汤中使其膨胀，由于淀粉分子吸收了液体，在被称为凝胶化的状态下膨胀了，变得又软又湿，同时也吸收了肉汤的味道。这种松软的半流质食物十分适合老年人的胃：舒缓、易于消化、容易有饱腹感，很适合在消化鹧鸪或小鱼前填饱肚子。托斯卡纳的意式杂蔬汤就是基于这个原则，将可口的面包转化成蘸满蔬菜汤汁的，甚至用培根和帕尔马干酪加强味道的美味混合物，并且在隔天加热后更加好吃。之后，只需要一小块简单的烤肉就足够令人满足。（我们的单词soup［汤］就是从sops［面包］和soak up broth［吸汤］中得来。）米开朗琪罗的大斋节食谱就与此相似。

托斯卡纳的大斋节食谱

米开朗琪罗喜爱托斯卡纳农民饮食里的无盐面包、豆类和绿色蔬菜，他在一封信的背面记下了一些四旬斋的食谱。瓦萨里说他很少留意美妙生活和美食美酒中的美好细节，尽管这位艺术家没有否认，但在他们的往来书信中显示的却正好相反。这些书信经常提到从他在佛罗伦萨附近的庄园送往他的罗马住所的上好的亚麻衬衫和大量的鹰嘴豆、扁豆、兵豆、腌香肠、火腿、奶酪以及葡萄酒。

本书第170页中的神秘画作描绘了一个正在吃黑眼豆的男人，这可能是安尼巴莱·卡拉奇的自画像。这个男人看似粗鲁，却穿着一件干净整洁的衬衫，而他食用的菜肴一点儿也不粗俗，桌上铺上了洁净的白餐巾，搭配用优雅的玻璃杯和酒壶装着的葡萄酒，精致的面包圈和一碗沙拉或蔬菜派或馅饼。一旁的青葱或许难登大雅之堂，搭配豆子则再合适不过了。

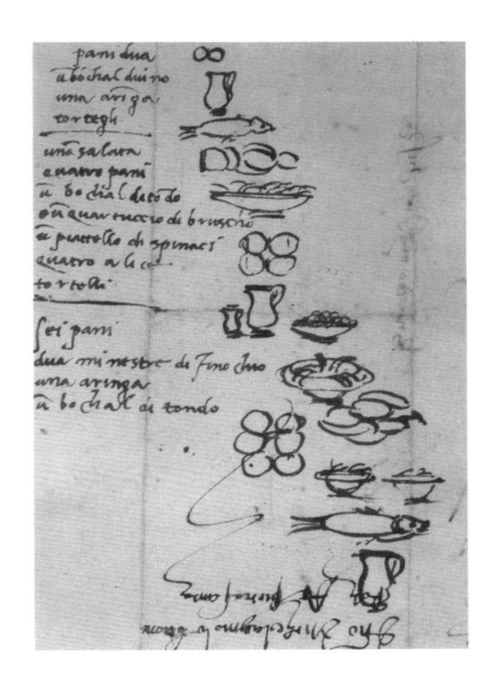
pani dua
u bochal di vino
una aringa
tortegli
una salata
quatro pani
u bochal di tondo
un quartuccio di bruscho
u piattello di spinaci
quatro alici
tortelli
sei pani
dua minestre di finochio
una aringa
u bochal di tondo

米开朗琪罗为1518年大斋节写的菜单，在一封信的背面。

满足感和盛宴一样好

尽可能吃得更多、吃得更好是缺乏安全感以及面对匮乏条件时的普遍反映，也被视为是权贵阶级的特权。修道院遵循的节制和自我惩罚的教义只有在放弃已有充足食物的情况下才有意义。修道院的建立就是为了给人们提供充足的物资，从生活所需到居住环境，还要负责旅人、客人以及社区里的老人和病人的起居。他们会烹饪肉食，虽然这并不提供给教友享用，但肉的香味会浸染在空气中，扰乱虔诚的感官。他们简朴的饮食是在可以拥有丰盛菜肴的环境下进行的。本书第171页中蓬托尔莫版本的《以马忤斯的晚餐》中就传达了这种在食物上的极简态度。面包和葡萄酒似乎是飘在空中的幻想中的薄雾。

狂欢节和大斋节

大斋节是一段属于赎罪、忏悔，以及禁欲的时期。但除此之外，除了非常贫穷的人，肉食仍是其他所有人家餐桌上的常客，而这两种肉食态度之间的紧张关系在社会之中蔓延。

安尼巴莱·卡拉奇，《吃豆人》，1580年，布面油画。

在大斋节的清贫之前，富余的狂欢节是季节性食物供给的产物。在冬季举行狂欢可能反而是个好时机，可以享用塞得满满的橱柜里的食物，也不用在外辛苦地劳作。但在冬天快结束时，囤积的食物消耗殆尽，在新的作物成熟之前，一次大型的狂欢消耗了最后的粮食，于是接下来的一个月，在复苏的早期作物将新鲜的食材带到厨房之前，生活是凄惨而穷困的。油画和版画里夸张了狂欢节的快乐和大斋节的苦难，其实“健康美食”和“油腻美食”通常都能让人饱餐。关于七宗死罪之一的贪食的警示性故事，尽管郑重谴责，但并未刻意指责过度的庆典。

1559年小勃鲁盖尔的《狂欢节和大斋节之战》描述了暴

蓬托尔莫的《以马忤斯的晚餐》，1525年，布面油画。

食和禁食的怪诞一面。从本书第173页的图来看，这是个场面十分喧嚣的活动，食物是其中的主角。图中的左半边充满了贪婪和不良行为，还有一家脏乱的酒馆，而右边是遵循了严格禁欲和自我审判的行为。狂欢节的游行队列由一个肥胖的男人领队，他跨在一只葡萄酒桶上，用烹饪用的锅当马镫，头上顶着一个馅饼当头盔，手里挥舞着一支插满鸡肉和大腿肉的烤叉当作长矛。他的对手，大斋节夫人，是一个穿着修女长袍的骨瘦如柴的女人，她的武器是用烤面包托架起的两条小咸鱼，弹药是一些椒盐脆饼和干面包，她的追随者们提着一桶稀粥和一锅

朱塞佩·玛利亚·米特利为大斋节所创作的《清醒的禁食》和《狂欢节的疯狂》，17世纪的一对蚀刻版画。

熟贻贝艰难地行进，一旁还有一个贩卖盐和新鲜鱼干的小摊。她的右边，一群虔诚的信徒从教堂走出来，以各种方式行善，还有可爱的孩子在人群中享受着食物和饮料。勃鲁盖尔用食物来暗指世间的贪婪和愚昧，画家对于享受美食酒饮的矛盾态度也反映了他的客户以及16世纪中期低地国家市民的态度。

大斋节的胜利和失利

一份更早期的关于狂欢节和大斋节的记载来自中世纪西班牙的伊塔大主教胡安·鲁伊斯1330年的虚构性自传诗《真

彼得·勃鲁盖尔，《狂欢节和大斋节之战》，1559年，木板油画。

爱诗集》。其中有一段生动地描写了关于狂欢节和大斋节的较量。这是关于早期西班牙美食的重要信息来源。诗中轻快的节奏和大量的美食内容，让人很难公正地评判孰胜孰负。唐·卡纳尔，肉欲公爵，和唐娜·夸雷斯马，大斋节以及禁欲夫人，各自划出了战线。卡纳尔带领着动物王国，他的步兵们，手持木质和铁质的烤叉，而他用来防御的盾牌由鸡、鹧鸪、鸭、阉鸡、肥鹅和兔子组成；射击的弓箭由羊排、猪蹄、全火腿和腌牛肉组成；骑兵以牛排的造型出现，带着上蹿下跳、不住尖叫的小山羊和乳猪。侍者端出烤奶酪，骑兵就着上好的葡萄酒将它们吞进肚里。精心装饰的野鸡和孔雀作为开胃菜在上面毫不吝啬地插满了香气扑鼻的精美轻武器。还有一堆厨房用具，铜锅、煎锅以及一些华丽的容器（这里没有简陋的鱼罐子）。野生动物争先恐后地加入阵营，凶猛的野猪也显示了它的忠诚，狍子被捆了起来，野兔承诺和敌人势不两立，山羊以它的敏捷为担保，老水牛缓慢地前进着："对于耕地和劳作来说我太老了，我放弃了牛轭，献给你们我忠诚的肉和皮。"唐·托西诺，培根公爵，带着滋滋作响的腌肉，让这场战争弥漫着肉香味。

卡纳尔战败了。被迫承认自己的罪行并承诺悔改，他被罚在独自禁闭的空间禁食。他必须遵循一种严格的饮食：星期天可以吃浸泡在橄榄油里的鹰嘴豆，仅此而已。他必须去教堂但不可以闲逛。星期一是豌豆，没有一贯的鲑鱼和鳟鱼；星期二吃面包，其中的三分之一必须分给穷人；星期三吃未经调味的菠菜，因为香料会激发情欲，也不允许任何谈话；星期四是只用盐调味的扁豆，不多，作为对愤怒和谎言的忏悔；星期五，因为他的贪婪和贪食，只允许吃面包和水，没有熟食，这是对肉食的禁欲；星期六只有（干）蚕豆但没有鱼，作为善妒的惩罚。

唐·卡纳尔独自在他的牢房里备受折磨。与此同时，夸雷斯马开始为圣灰星期三做春季大扫除，擦洗、抛光、修补每一件家用物品。卡纳尔渐渐恢复了意志，开始策划逃跑。他提出了在棕榈星期天去教堂的请求，直到弥撒开始，卡纳尔装出老迈的步伐，蹒跚地行走，趁机逃到犹太社区避难，他在那里得到了肉食并借用了一匹马。他驾着马来到安达卢西亚与他的动物王国会合，它们高兴地迎接他的归来。绵羊和山羊、母牛和公牛、小牛和小羊欢呼雀跃着，并鼓励他向夸雷斯马发起挑战，他也这么做了。她在去往耶路撒冷的朝圣之路上被击败并融化了。卡纳尔与爱之公爵，唐·阿穆尔联合，一起开启新的生活，新植物开始生长，鲜花绽放，鸟儿吟唱，万物复苏。肉食回归了；对它的否定与摒弃被视为一种失常，生活又回到了正常的轨道。大斋节成了一种必要的恶势力，需要存在也需要被忘记，而现在，爱、活力和丰收再次获得了胜利。

第七章 厨房里的现实主义与象征主义：文艺复兴时代的饮食文化

文艺复兴时代的艺术作品中有着丰富的关于食物的信息。对自然界直接的观察与来自古代世界的灵感相结合，我们时常能在静物画、风俗画和宗教主题作品中发现有关食材和用餐礼仪的惊喜。

直面自然

从文艺复兴时期的草药志中可以看到令人心情舒畅的自然主义的回归。用通俗语言写成的《通俗草药志》，14世纪在帕多瓦成书。该书是对萨勒诺发现的一部10世纪拉丁文手稿的翻译，而这部拉丁文手稿又翻译自希腊学者谢拉皮翁著作的阿拉伯语译本。这是本令人惊叹的作品。欣赏这位“勇敢直面自然”（见第176页）的艺术家逼真的植物画是种令人心动的体验。那些来自现实世界的植物以一种野性的姿态爬进书里，定格在了艺术家的页面布局中。当13世纪拜占庭的帕多瓦大学著名的植物学家彼得罗·德阿巴诺看到迪奥科里斯伟大的草药志时会感到惊讶吗？如果是这样，也许正是他启发了这件古代植物传说与现代现实主义愉快融合的作品。

15世纪早期出现了一本用意大利语写成的《植物志》（*Liber dei simplicibus*），手稿一度属于威尼托的一位医生贝内代托·瑞尼欧（1485—1565年）。书的作者是在威尼斯工作的医师尼科洛·洛卡博内拉，很早之前他就曾委托艺术家

葡萄藤，出自《卡拉拉草药志》，即小谢拉皮翁著作的意大利语译本——《通俗草药志》。

安德里亚·阿玛迪奥创作了将近500幅医用植物图像。比起咖啡桌上的读物，这本更像是私人画册的植物志，被瑞尼欧和他的继承人珍藏起来。后来他们将书交由威尼斯的圣若望及保禄大殿的僧侣们保管，因此我们才能在今天的马尔恰纳图书馆看到完好无损的它。

我们可以从一幅菊苣（*Cichorium intybus*）的图画中看到多种熟悉的栽培植物的影子。我们一直知道，几个世纪以来，那些绿叶菜会当成蔬菜沙拉生吃，也会被煮熟后放入油锅里翻炒后食用。最终，在几千年之后，洛卡博内拉和他的艺术家让我们看到了这些植物真正的样子。锦葵，一种既可食用也可当作舒缓药膏的植物，在本书第177页这张图里看起来美丽极了，它的叶子放在汤或菜肴里煮熟时会变得柔软，就像它的近亲埃及长蒴黄麻一样。这幅图画极为真实，在布局上也富有装饰性。

同样来自威尼托的一位富有的贵族以及执业植物学家彼得罗·安东尼奥·米歇尔著有另一本有着精美的现实主义插画的草药志。他委托16世纪下半叶的艺术家多梅尼科·达勒·格雷什在为他的著作创作插画。也有一些略显稚嫩的插画也许出自他自己的笔下，像是本书第178页中那幅描绘了一棵无法辨认的树和各种昆虫的图画。有一对夫妇在树荫下乘凉，一边用树上尖锐的刺剔着牙，桌子上还有一段注释：De sua ombra godiamo ， et il dente nettiamo（当我们在树荫下乘凉时，我们能开心地剔牙）。

这些古怪的日常生活小插图让我们看到了自然世界而不是专家工作室里的

锦葵，与长蒴黄麻同科，摘自尼科洛·洛卡博内拉和安德里亚·阿玛迪奥合作完成的《植物志》（1419年），其手稿后归威尼托医生贝内代托·瑞尼欧所有。

植物。事实上，米歇尔的财富和研究成果足以让他与伟大的植物学家和医师皮耶尔·安德烈亚·马蒂奥利的“慑人的威力”相抗衡，他有自己的植物园和花园，当发生争论时，他往往比这位执拗的老学者知道得更多。

真理、美丽和指责

在追求自然世界的真理和美丽的过程中，文艺复兴时期的植物学家们之间产生了激烈的争论。马蒂奥利脾气暴躁，有时甚至十分恶毒，经常在辨别植物时

用一棵无法鉴定的树木的刺当作牙签，出自彼得罗·安东尼奥·米歇尔《植物五书》（1553—1565年）手稿的局部。

提出异议，或是对某位古代作者的观点进行解读时，因为与同事存在不同看法而与其长期争执。但是马蒂奥利是最早看到印刷机价值的人之一，印刷机能精确地复制植物图画，增加之后的讨论和比较的可能性。由于缺乏可识别图像和相关文本，他开始独自翻译起《迪奥科里斯注疏》，1568年在威尼斯出版，并成为一份标准的参考书。食物历史学家十分重视马蒂奥利在《迪奥科里斯注疏》中，对于那些来自新大陆的茄子或卷心菜等常见蔬菜的图像注解，甚至多过于那些文绉绉

巴西利乌斯·贝斯勒的《艾西斯特的花园》中的红辣椒，手工上色版画，1613年。

的文字。马蒂奥利对当地处理食用植物的个人观察是隐藏在厚重的八大卷书里的珍贵宝石。野生芝麻菜适合与生菜一起放入沙拉中，芝麻菜的热属性会抵消生菜的凉性——体液理论至今仍被厨师们应用。“世界上几乎没有一户人家的窗台上或花园里是没有罗勒的。”马蒂奥利说。红辣椒被划分在菜椒的类别里，尽管它们在植物学上没有联系。马蒂奥利描述了它们近期从新大陆，被葡萄牙和西班牙商人带回来的过程。他行文中暗示当时的人们已经十分熟悉它们了。它们比来自遥远地域的多种口味独特且昂贵的辣椒要辛辣得多。他描述了红辣椒的新鲜标本，长得并不像普通菜椒，这让他的画师不得不以一位葡萄牙水手的草图为参照作画。他还描述了锥形果实如何从绿色变为珊瑚红，味道比普通椒类刺激得多。将新鲜红辣椒碾碎，可用作坐骨神经痛的药膏，这多多少少有点像以前的冬青药膏——一种含有樟脑、薄荷醇以及辣椒素（辣椒）的药膏，曾作为冻疮的处方药，或用于治疗关节炎。也许是因为辣椒中的内啡肽，它刺激性的“暖性”似乎对身体很有益。与马蒂奥利同时期的科斯坦佐·费里奇在他16世纪60年代关于沙拉的书信《以沙拉和植物作为各种食物》中，描述了红辣椒作为窗台上的盆栽植物是如何生长的。在它们出现在食谱中之前很长一段时间里，我们一直认为它们廉价而常见，是一种易于种植，不适用于贵族厨房的调味品，因此从未印在书中。17世纪90年代，烹饪大师安东尼奥·拉蒂尼在那不勒斯为前来造访的西班牙贵族准备菜肴时加入了辣椒，但它们并没出现在他的其他食谱里。在那个时候，似乎辣椒是被当作普通人的廉价调味品，被意大利的富人所忽视和不屑，却被推给了外国客人。

医学、魔术和美食

植物研究和分析使盆栽植物的药用价值越来越清晰，但无论理论如何发展，日常生活仍在继续。我们猜想聪慧的妇人和管家们，或是当地从未接触过那些印刷品的从业者（执业医师费里奇的手抄本发行量十分有限），在学术影响并不广泛的条件下仍然生活得有滋有味，比学识渊博的教授更加过得现实和脚踏实地。直到近代，“女当家人”都在主持艾米利亚-罗马涅一带家庭的所有大小事务。她们也许并不识字，但从迪奥科里斯时代起，这些未受过教育的女人一直承担着养育和照料家庭的角色（女当家人并非总是指农民的妻子，通常是指在整个家庭里最贴近“当家人”角色的女人）。一代又一代的人从母亲和祖母那里学到了挽救生命、治愈动物和孩子的技能。“Cur moritur homo qui salvium crescitur in

采集鼠尾草，出自14世纪晚期在伦巴第出版的医用手册《健康全书》的手抄本。

horto？”是一句俗语——“如果花园里有圣人（鼠尾草）[1]还会有人死吗?”它的药用属性使它得名。这种重要的食用和医用草本由一位聪慧的妇人采集（见上图）。用鼠尾草叶子泡的水对身体有好处，不过鼠尾草更适合用于烹饪，作为叉烤小型禽类时的调味品，要将柔韧的嫩叶切碎，和洋葱一起放进沙拉（尤其适合与凤尾鱼一起食用），与油和醋一起制成酱汁；还可以将大鼠尾草叶蘸上栗子面粉做的面糊，放入植物油或猪油里炸。

马蒂奥利用意大利语翻译迪奥科里斯的著作时添加了大量的注释，以及其他古代作者和同时代学者所持的不同观点，这常常引起同行们激烈的争论。其中一位便是科斯坦佐·费里奇。费里奇来自皮奥比科，意大利马尔什一个遥远而多山

1 Sage，鼠尾草，在英文中与sage圣人同名。

的小村庄，他与马蒂奥利和更加和蔼可亲的同代人乌利塞·阿尔德罗万迪，一位医师和植物学家，保持着书信往来。

一位受到启发的植物学家和收藏家

乌利塞·阿尔德罗万迪，生于1522年，来自博洛尼亚一个有条件为他提供传统教育的贵族家庭。也许是压力太大，他在12岁离家出走，去了罗马。回来后，他被劝说去学习数学以及会计学里那些实用的技能，但在几年之后，年轻的乌利塞再次出发来到罗马，又以朝圣者或旅游者的身份去了圣地亚哥-德孔波斯特，享受沿途的风景与奇闻趣事。回到家乡博洛尼亚后，他开始在大学学习法律和古典文学，然后转向哲学和逻辑学。在帕多瓦学习医药和植物学的日子，让他莫名地接触到异教学说，阿尔德罗万迪因此被召唤到罗马，在宗教法庭度过了一段糟糕的时光。但也许正是因为在那里遇见的包括龙德莱特和萨维尼在内的博物学家和植物学家，让他明确了自己的方向，最终成为当时最重要的博物学家之一。我们不知道阿尔德罗万迪是否曾在阿戈斯蒂诺·基吉位于托拉斯特的庄园的凉廊里，看到过那些奇妙的自然主义水果和蔬菜。但如果是这样，那这必将是他后来的植物学研究的灵感来源，成为他一生热衷于对自然世界准确表达的开端。

喜悦的繁殖力

阿戈斯蒂诺·基吉是一位白手起家的成功银行家。16世纪初，他在罗马郊外的台伯河建造了一座庄园，也就是如今的法尔内西纳。它的凉廊墙壁和天花板上描绘着用水果和鲜花装饰着的丘比特和塞姬的故事（见第184页）。和庞贝遗址或莉薇娅庄园的壁画（当时还不为人所知）一样，将大自然以壁画的形式带入室内，将这处修养身心的场所融入花园和果园里。凉廊朝南的立面悬空，其拱顶和

赛瑞斯的头部细节，由乔万尼·达·乌迪内等人绘制（1518年），出自阿戈斯蒂诺·基吉的法尔内西纳庄园，位于罗马郊外。

建筑细节，将古典建筑的内饰与自然界联系在一起。乔万尼·达·乌迪内是拉斐尔在1517年聘用的艺术家。他用水果、蔬菜和鲜花作为壁画装饰，其中有一些从新大陆来的新鲜植物，它们来到这里才刚20年。这些壁画有意颂扬了繁殖力，其中的蔬菜和水果与对于阳物或女阴的崇拜自然地结合在了一起，强调了关于喜悦的繁殖力的信息。

在与情妇弗朗西斯卡·奥尔蒂亚斯奇同居多年并养育了四个孩子之后，基吉终于在装砌完成的庄园里举行了婚礼，用菜园和果园的农产品、稀有的收藏品以

乔万尼·达·乌迪内等绘制，法尔内西纳庄园里的“塞姬凉廊”。

及人们熟悉的厨房用品来庆祝丰收与繁殖。艺术家描绘了刚被引进的玉米、一些不同种类的南瓜（有大的有小的）、麝香瓜，还有一些常见的豆类（菜豆）。这些精美而逼真的画作在那些植物出现于印刷品里之前就完成了。（哥伦布还没有带来辣椒和西红柿，于是它们在这里缺席了。）乔万尼·达·乌迪内可能是从花园，那些罗马文化精英的收藏里，还有他那位在整个欧洲和新大陆的贸易往来中获益良多的资助人基吉所收获的标本里获得的这些异国植物。基吉和教皇在台伯河对岸宁静的乡村地区拥有花园和温室，也能方便抵达那座庄园所在的城市。因此，艺术家可以从生活中汲取灵感，描绘水果和鲜花从生长到成熟的各个阶段。

我们在壁画中看到了茄子，它在南方已经被人熟知，但在其他地方还不那么常见；芦笋，那时已经是一种流行的美食；洋蓟、各种黄瓜、甜瓜、葫芦和南瓜，谷物，包括近期引进的玉米、干豆、蚕豆、豌豆，还有新大陆的扁豆，绿色蔬菜诸如菠菜、甜菜、多种卷心菜，再加上茴香和骨木属植物的美丽花朵，橙

乔万尼·达·乌迪内等绘制，法尔内西纳庄园装饰画中的葫芦和葡萄。

子、柠檬、桃金娘还有玫瑰的花，以及从胡萝卜、欧洲防风草到各种萝卜和红头萝卜的根茎类蔬菜，和沙拉的配料，像桔梗科植物，各种坚果，富人的餐桌上有许多多汁的水果，象征着爱和生育——桃子、杏子、樱桃、苹果、梨、山楂以及一些现在很少食用的浆果。这里聚集了几乎所有意大利范围内产出的食品，这场盛会一定也是在1550年吸引年轻的乌利塞·阿尔德罗万迪造访罗马的原因之一。

收藏和记录的艺术

不知疲倦的能量让阿尔德罗万迪不断冒险并在植物学上勇往直前，这似乎与他卓越的才智和随和的性情相匹配。他满腔的热情只为记录和描绘他所发现的自然世界，而非古代文献里隐藏的知识。

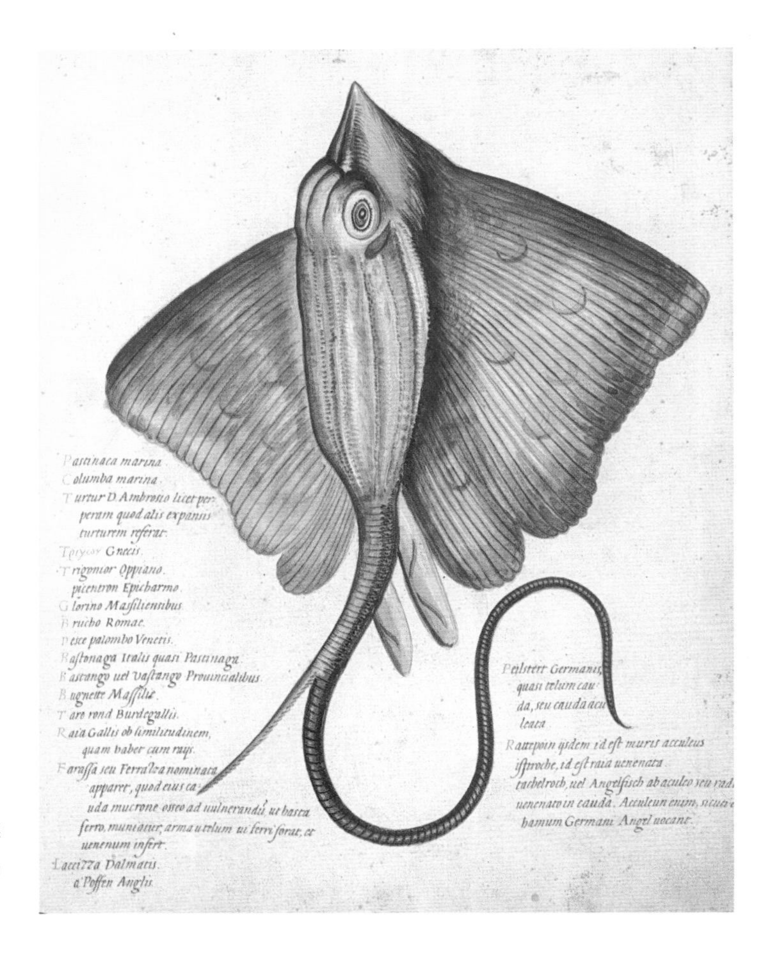

为乌利塞·阿尔德罗万迪绘制的黄貂鱼。

阿尔德罗万迪将他的个人财富和学术薪水中很大一部分用于聘请艺术家描摹他的标本，以便对他的收藏品进行完整的视觉记录。这些被整理成了18卷本，存于博洛尼亚的大学博物馆里。他聘请了一些当时最优秀的艺术家，包括雅各布·里格奇。书中有超过2900幅植物和草本的图片，其中大多数并未出版。因此，尽管阿尔德罗万迪一生中曾出版过一些带有木刻插图的文字，却没有像马蒂奥利的评论集那样被广泛传播，而最终我们得到的关于这本美妙的博洛尼亚档案的信息甚少。植物的医药属性促使阿尔德罗万迪探寻更多的植物属性，而从收

16世纪博洛尼亚的乌利塞·阿尔德罗万迪的植物集里一幅水彩绘制的芜菁。

集、分类和记录标本中得到的快乐始终是他和其他学者以及执业医师之间的纽带。艺术家的贡献是不可忽视的，他们运用在静物画以及宗教作品中的技能被这些学者欣赏，他们需要并重视这种一丝不苟的准确性来描绘水果、蔬菜和草本。阿尔德罗万迪对他的朋友雅各布·里格奇说，他是“一个不分昼夜去描绘植物和动物的最优秀的艺术家”。他在托斯卡纳大公爵的资助下不懈地努力着，而他绝大部分的作品都保留了下来，包括他那幅生动的描绘着无花果和正在掠夺果实的雀鸟的画面（见第188页）。

雅各布·里格奇水彩画《啄食无花果的鸟》的局部，无花果树枝和异国的雀鸟，约1590年。

工作中的插画师

德国博物学家莱昂哈特·福斯对为他1542年的作品《历史剧》绘制插图的团队大为赞赏，并将他们的肖像印在了他书的扉页上。书中的文字聚集了古老的主妇故事、迪奥科里斯著作的众多段落以及一些食谱，插画则反映出了来自大自然的发现以及近距离观察带来的喜悦。就像福斯自己说的："人生中没有什么比漫步在各种鲜花和植物装点的树林、山间和平原上更令人愉悦的事了。在那里散步

《化身“四季之神”威尔廷努斯的皇帝鲁道夫二世》，约1590年，板面油画。

和瞭望是最优雅的事。但如果能对这些植物的优点和作用有所了解，那增添的快乐就不只是一点。”

这种深入自然界的研究被神圣罗马帝国皇帝鲁道夫二世所支持，他热衷于为自己添置肖像画，从中获得的快乐不亚于逛花园和浏览植物标本。他与阿尔德罗万迪有着书信往来，分享学习了当时最重要的画家之一朱塞佩·阿尔钦博托的画作。鲁道夫被艺术家神话成了威尔廷努斯，罗马神话中的蔬菜和生育之神，而这个“严肃的玩笑”，就像它被形容的那样，充满了象征意义，但这种对于植物和鲜花的绝妙描绘深受这位皇帝的喜爱。来自新大陆的玉米和谷物与当地水果，樱桃、梨子相结合，他的皇家护胸甲是一个巨大的脊状的西葫芦或葫芦，而这位强壮的君王皱着的眉头是一个熟甜瓜的后根部，带叶子的洋蓟做了一个肩章。这种幽默和植物学上的精确性比对这幅肖像画进行超现实主义解释更为重要。

超现实的精确性

一个世纪后，托斯卡纳大公爵委托艺术家乔凡娜·加尔佐尼（1600—1670年）用精致的点画法在牛皮纸上创作微型画。这些柑橘以及它们的花朵的画像吸引了她的美第奇主顾，吸引他们对并不是任何的象征性内容，而是花朵和那些辛辣果皮的外表和芳香所带来的喜悦，以及之后它们在香水和化妆品，以及厨房里的用途。她描绘的蔬菜中有三种不同种类的洋蓟，一些熟透了的干豆，一盘蚕豆，都是当地食物，也许是贵族和平民都在享用的。加尔佐尼精准的技艺与想象力的结合被她的主顾用来宣传托斯卡纳的产品。除了精致的微型画，她还有一幅更大的画作，呈现了托斯卡纳土地上经典的美好事物的集合。画中的本西诺·布鲁格拉奥，“阿提米诺老人”，作为一个超现实的幻影在岩石后冒出头来，抱着一只鸡，还带着火腿、奶酪、一些精选的水果、蔬菜和美第奇的宠物狗。她设计的不真实的环境，不平整的岩石表面以及模糊的有着奇怪视角的浅色背景，更加突出了水果的真实感，就好像这些樱桃茎正在风中摇晃。

集体画像和静物特写

身为收藏家和园艺师的科西莫公爵偏爱巨幅作品。他的科学顾问弗朗切斯科·雷迪曾向费利齐奥·皮齐基学习绘画，并得知了一位以画花卉见长但并不出名的年轻画家巴托洛米欧·宾比。雷迪将他的画作引荐给了科西莫。于是宾比得到了绘制水果静物画，以及一系列超大型蔬菜画作的机会。这些巨幅的景物特写画都按照实物比例绘制，并附有文字注释这些蔬菜的重量、尺寸以及产地。这

乔凡娜·加尔佐尼，《盛在中式餐盘中的菜蓟、玫瑰和草莓》，牛皮纸蛋彩画。

些作品中的美食和视觉价值是值得探讨的。而将这些丑陋的蔬果填满画布对于宾比来说是项挑战，它们看起来像是被画框束缚和挤压了一样，加上夸张的光影和道具，表现出了一种宏伟壮丽，像是在模仿英勇的公爵肖像。第194页这幅收藏于比萨的大公爵花园里的画作，描绘了狂风暴雨的郊外地面上的一只巨型南瓜，远处倾斜的比萨斜塔显得十分矮小。切开的南瓜瓤用明快的金黄色点亮了整幅略显阴沉的画作。这个53公斤的巨型怪物需要被快速画好，因为在到达佛罗伦萨之前它就已经有些腐烂了。一位当时的抄写员记录了它是如何被艺术家搬到画室的：两个强壮的男人在一群围观者的掌声中把南瓜搬了进去："seguito di molta curiosa gente che con strepito l'accompagnò fino a casa sua"。

乔凡娜·加尔佐尼，《一碟梨子、牵牛花和核桃》，牛皮纸蛋彩画。

乔凡娜·加尔佐尼，《阿提米诺的老人》，牛皮纸蛋彩画。

乔凡娜·加尔佐尼，《碗中的樱桃和康乃馨》，牛皮纸蛋彩画。

在昏暗的傍晚最后一缕光线中，一颗重达8公斤的巨型花椰菜在它深绿色菜叶的环绕之中发着光，旁边一个仅3.6公斤重的辣根相形见绌。一片繁杂背景下有一只赤土陶罐里生长着一颗褶皱的卷心菜，它了无生趣的叶子使背景中逐渐阴沉的紫色天空显得格外显眼。还有一个丑陋的巨型甜菜根，它是1712年3月菲利波·斯特罗齐培育的，画中它仍被采集时附带的泥土覆盖着，根部点缀了一些叶子，但有的已被割断，整幅画的色盘里闪耀着明亮的春日阳光。也许所有植物中最不可思议的是一个来自卡斯戴尔里昂的2公斤重的老松露，画中展现了其整体和局部，一旁的注释显示出它令人不安的粗糙状态。“与内部柔软光滑的普通松露不同，其内部粗糙、干燥，外观多孔，分隔成红、白等多色层次，以红色蠕虫状生长，多年后其内部物质会发生奇怪变化。”

巴托洛米欧·宾比，《比萨公爵花园的巨型南瓜》，1711年，布面油画。

我们现在可以在佛罗伦萨外的波焦卡伊阿诺庄园看到宾比的主要成就，他对科西莫管辖境内所种植的水果进行了全面的展示。宾比将为美第奇家族种植的各种水果以真实大小的图画组合在一起——橙子、柠檬、梨、苹果、李子、葡萄和樱桃。每个水果都有编号，并在下面的椭圆注释框中备注。那幅背景里乌云密布、枝叶摇晃的樱桃画作（见第196页），深深影响了18世纪早期正在意大利旅行的梅伦德斯。

丰富的水果和蔬菜摊位

可食用水果和植物的图像可以在风俗画、描绘市场和厨房场景的画作中找到，有时也出现在草药志和医学书籍中。除了具有令人愉悦的现实主义价值外，它们也常常蕴含着许多沉重的象征意义。

水果、蔬菜和谷物对大多数人来说是日常生活的一部分，但医学理论对其中一些内容似乎有异议，尤其是对水果的健康警告几乎是尖锐的。本书第198页这幅16世纪末意大利北部的画作展现了该地区水果和蔬菜的丰富种类。文森佐·坎

巴托洛米欧·宾比，《巨型花椰菜》，1715年，布面油画。

巴托洛米欧·宾比，《柠檬》，1715年，布面油画。

巴托洛米欧·宾比，《樱桃》，1699年，布面油画。

皮画中标致的水果小贩并不完全令人信服。她和她的商品可疑地静止着：没有顾客、没有叫卖、没有任何动态。这里不像一个市场，更像是平静的乡村，背景里的农民在采摘水果，她将陈列品布置得像一个巨大的静物展示会。像是特易购[1]柜台上横跨了四季的水果和蔬菜，从新鲜豌豆和春天的芦笋到深秋的桑葚和南瓜，全都被展示出来让我们欣赏。这是丰富的意大利农产品的狂欢。坎皮在16世纪80年代绘制了这幅画，可能受到荷兰、比利时和卢森堡艺术家的影响，他们的风俗画里充满了静物元素，也充满了象征意义。我们必须在理解它们的时候考虑到这一点。当一个荷兰市场的少女以一种仪

1 Tesco,1919年成立于英国的超级市场，现分布于全球13个国家。

式般的姿态举起一串温室葡萄时，人们知道这可能意味着这三种意思之一：圣餐中的葡萄酒，或是暗示一个年轻的未婚女性的纯贞，又或者是一位没有子嗣的已婚女士。但在意大利北部，坎皮工作的地方，一大串葡萄只需十便士，由市场小贩随意处理，田野上的农民会将葡萄送给口渴的路人。正如吉雅科莫·卡斯特维托在与约翰·诺斯爵士的一次旅行期间所遇见的那样，他被这愉快而随意的慷慨深深打动。这让他想到德国的葡萄园是如何受到守卫和采摘者的珍惜的，甚至在园主友人咀嚼葡萄时还会受到严厉的指责。因此这位坎皮画中年轻女子的姿态是令人费解的，也许是象征性地对遥远的北方主顾的友好致意。

坎皮将当时重新流行起来的奢侈蔬菜芦笋和洋蓟单独放在左下角，而右下角则是较为平凡的卷心菜。还有今天仍然可以在意大利市场购买到剥好壳的豌豆和蚕豆、樱桃、无花果、梨、桃子、南瓜、甜瓜，以及葫芦、榛子和杏仁，所有这些都整齐地摆放在便宜的锡釉彩陶陶盘或篮子里，看起来更像是供人欣赏而不是贩卖。

洋蓟

在贪婪的伊莎贝拉·埃斯特年轻的时候，曾要求她在热那亚的代理商给她见识一些新奇事物，代理商将一些珍贵的洋蓟送到了曼图亚。在她生命的最后时光，大量的洋蓟被运送到她的儿子费代里科在德泰宫的厨房。在意大利北部，它的确仍然是一种来自异域的奢侈品：阿尔德罗万迪请里格奇绘制了一幅洋蓟被同样来自异域的宠物猴拿在手中的油画。在后来的作品中可以看到，在17世纪早期的托斯卡纳种植的洋蓟品种已经迅速丰富起来。乔凡娜·加尔佐尼画中展示的三种不同洋蓟都是本地种植的。

将外面的叶子去掉，洋蓟里面鲜嫩的果肉可以整个享用，至于那些尖刺，人们还没找到更好的处理方式。在一个6月炎热的傍晚，卡拉瓦乔在纳沃纳广场附近与一位傲慢的服务生发生争吵，随即将一盘洋蓟向他的头上扔去。上一代的

文森佐·坎皮，《水果小贩》，16世纪80年代，布面油画。

坎皮的《水果小贩》中竹笋的细节。

斯卡皮将新鲜洋蓟列入他的春夏季菜单，加上盐、胡椒和醋生吃，今天这道菜被称为al pinzimonio，仍在意大利流行。

洋蓟引人注目的以螺旋式展开的叶子一直是个很好的卖点，装饰着市场摊位，尽管购买者和商贩会将这些叶子和不可食用的尖刺扔掉，只留下可食用的部分带回家烹调。“罗马洋蓟”的食谱跨越了时间：在鲜嫩的洋蓟叶上抹上薄荷、大蒜、盐和胡椒，将它们的茎秆朝上放入浅锅中，盖上盖子，在加入橄榄油的水中慢煮，调整水量，使其在煮熟后软到可以用勺子直接吃，最终，融化了的叶子被包裹在了浓稠的汁液中。普涅利的版画相当于现在的旅游明信片，描绘了古典遗骸背景下生动的生活画面，还有那19世纪喧闹的罗马街道上的嚏根草和洋蓟，有意地将现在和遥远的过去联系起来。

雅各布·里格奇，《猴子和洋蓟》，16世纪晚期。

廉价蔬菜

坎皮在他水果摊的右下角展示了一种廉价蔬菜。卷心菜（*Brassica oleracea var. capitata*）属于庞大的芸苔科，早在古希腊和埃及就已经开始种植，公元1世纪之后又发展出了众多品种。人们对它外表的喜爱远超过它的味道，艺术家们在许多作品中都展现了这一点。布克莱尔和埃特森描绘的16世纪和17世纪低地国家的蔬菜摊位上，那些膨胀的巨型蔬菜可以被看作是繁殖力和丰收的象征。

几个世纪以来，人们广泛相信卷心菜可以预防或减轻宿醉。早在古埃及，虽

科内利斯·范·达勒姆和扬·范·维切林的《埃克洛的面包房》，15世纪晚期，铜板油画。

然我们没有找到科学依据，但据说提前将卷心菜和面包一起吃下可以有效预防过量饮酒造成的不适。

镇定的卷心菜

科内利斯·范·达勒姆和扬·范·维切林绘制的《埃克洛的面包房》中展现了一种绿色卷心菜的奇怪用法。面包师看起来非常努力地在治疗这些被认为是“脑袋有问题”或是迟钝的人。患者的头部被切除，它们接受了按摩和揉捏，被涂上了一层漂亮的釉料，最后放入烤箱中烘烤。卷心菜作为替代品被安置在身体上，直到把真正的头颅放回去。如果一切

约阿希姆·布克莱尔，《蔬菜小摊》，展现了卷心菜的装饰性和象征性，1569年，布面油画。

顺利的话，病人会因为注入的智慧而焕然一新，开始一种新的生活。如果治疗不成功，他们可能会过度兴奋或倦怠。卷心菜并不是治疗的一部分，而是象征着病人空洞的大脑。这幅画作可能是在解释一则当地传说——某种可以清除心理问题以及恢复活力的休克疗法（埃克洛是东佛兰德省的一个繁华城市，拥有蓬勃发展的纺织业）。不过，除了专注的面包师或治疗师之外，一家运营良好的面包店里的温暖、香气和舒适感可能是促成治疗的一个因素，因为患者看起来正平静而放松地等待着他们的新头脑。虽然故事有些令人吃惊，但这个传说后来被用作管教不安分的孩子，教他们不要抱怨命运，而是学会接受。

阿德里安·柯尔特，《芦笋静物画》，1697年，镶嵌板纸上油画。

对蔬菜的爱

16世纪70年代是吉雅科莫·卡斯特维托形成个人思想的重要时期，他反抗古板的传统医学理论，用饱满的思乡情感描写了意大利丰富的水果和蔬菜及其广泛用途。他曾在欧洲和斯堪的纳维亚国家旅行。他在那里敏锐地发现了一个宣传

一幅17世纪秩名作品中的关于沙拉的细节，类似卡拉瓦乔的《以马忤斯的晚餐》，布面油画。

意大利沙拉、水果和蔬菜熟食的机会，他甚至成功地引导英国人减少了膳食中过多的肉食和甜食。吉雅科莫指导我们像意大利人那样在肥沃的土壤里种植芦笋，于是产出了大量长着丰满叶子的芦笋。15世纪90年代，阿德里安·柯尔特在一小块画布上描绘了食品柜里静静等待被烹饪的芦笋，像《聪明的厨师》[1]里建议的那样，吃的时候会配上融化的黄油和肉豆蔻。

满腹经纶的医生和学者总是强调生吃水果和沙拉的危害。根据他们的体液学说，蔬果是湿冷的，会对身体造成许多损

1 *De Verstandige Kock*，是17世纪最受欢迎的荷兰食谱，由马林·威利布兰斯编撰。

茄子，出自巴西利乌斯·贝斯勒的《艾西斯特的花园》，1613年。

害。但在农民的生活中，他们还是大量种植蔬果，食用沙拉，并十分享受这丰富的资源。艾伦·格里科向我们展示了15世纪的意大利富人最初是如何被美味的沙拉吸引的。曾经被人们嘲笑为粗鄙的乡野食物、动物饲料，现在出现在了宴会桌上。1519年，曼图亚的伊莎贝拉·埃斯特将一包附加种植指导的卷心菜种子和沙拉食谱送给了她在费拉拉的兄弟。当他年轻的儿子伊波利托·艾斯特，卢克雷齐娅·博尔贾的第二个孩子，于1536年出发前往法国追寻红衣主教的头衔时，他的管家在沙拉上花了不少钱：在当时已不是新鲜事物的沙拉成了他主人的每日所需。一个世纪之后，一大盘沙拉已经成了狩猎宴会中的主菜。

茄子的催情效果，出自14世纪晚期伦巴第出版的《切瑞蒂家族的四季》，《健康全书》的另一个版本。

性暗示，不健康，美味

基吉的“塞姬凉廊”里暗示性的茄子、葫芦或南瓜意在挑逗和刺激观众，而壁画中出现的这许多形状和颜色的茄子——圆形、细长的，紫色、条纹和斑点的，证明了此时茄子已经来到了罗马和意大利中部。这种植物由阿拉伯人引入意大利南部，但后来才开始流行，逐渐延伸到整个半岛。科斯坦佐·费里奇认为将它们和漂亮的花朵以及装饰性水果一起，放在窗框中更赏心悦目，马蒂奥利对此并没有异议。茄子在意大利语中是“melanzana”，来自阿拉伯语的“badinjan”，翻译过来是mela insane，也就是“疯狂的苹果”。这反映了北方对于这种外来水果的猜疑，它有时还会被称作malasana：“不健康”。在托斯卡纳它被称为

圣母身后的食物和饮料，卡洛·克里韦利的《天使报喜》，1486年，布面油画。

petronciano，后来的阿图斯将其与佛罗伦萨的犹太人群联系起来。在《健康全书》中它叫melongiana，是一种健康警告。从本书第205页这幅插画中两位女性正在抵抗这位纠缠不休的男人可以看出，由于它的催情属性，mala insana可以理解为已婚妇女以及处女的保卫者。后来贝斯勒也在他1613年的《艾西斯特的花园》中展示了一颗熠熠生辉而受人尊重的茄子。

茄子几乎是历史悠久的阿拉伯美食中的固定食物，出现在许多食谱中，既是贵族美食中的重要组成，也是平民百姓家替代肉类的菜肴。阿维森纳[1]和阿维洛斯[2]关注于茄子有害健康的属性，以及如何处理它们。茄子生风并使人体产生悲伤、忧郁和沮丧情绪的有害体液。但将其腌制浸泡后，用黄油或植物油煎炸，并配以大量的醋、酸柑橘汁或石榴食用，就可以有效避免这些危害。马蒂奥利在1568年对此进行了阐述，并将茄子与曼德拉草，以及另一种新引进的茄科植物番茄联系起来。

克里韦利的《天使报喜》中的黄瓜和苹果。

12世纪的塞维利亚附近，伊本·阿尔瓦湾在他的农业手册《农业之书》中，详细描述了在当时肥沃的韦尔瓦土地上种植的丰富农作物。灌溉、施肥、播种、种植以及之后对农作物的悉心照料成了这项迷人工作中的主要内容。各种食谱也在悄悄发展，而关于茄子的食谱更是综合了伊本研究中的各种复杂性。和今天一样，烹饪茄子时必须注意处理掉苦涩的汁水，以及避免舌头上不舒服的刺痛感。首先需将茄子盐渍，然后浸泡在水和醋中，用布擦干，再用黄油或植物油煎炸。如果要做成泡菜，在盐渍和浸泡之后，将它们煎熟后再和洋葱一起放入锅中，加入芸香、欧芹、*toronquil*、碎香菜、高良姜、肉桂、天堂椒，再用优质醋和“穆里”调味，等到第二天食用时加上石榴汁和橄榄油。

作为象征的苹果

欧洲的水果摊上有各种各样的苹果，作为一种常见的水果，它也具有强烈的

1 Avicenna（980—1037），本名伊本·西纳（Ibn Sina），中亚哲学家、自然科学家、医学家。著有《医典》等医学经典。

2 Averoes（1126—1198），本名伊本·鲁世德（Ibn Rushd），著名的安达卢斯哲学家和博学家，对西方哲学有重要影响，被称为“西欧世俗思想之父”。

彼得·德·霍赫，《削苹果的女人》，1663年，布面油画。

象征意义。卡洛·克里韦利的《天使报喜》的前景中有一个苹果和一根黄瓜，画中充满了象征意义和日常生活的细节。

这幅画的背后有着相当复杂的故事。1482年3月25日，天使报喜节的当天，一只信鸽落在了意大利马尔凯的小城市阿斯科利皮切诺的城墙上，公民们对它表示热烈的欢迎。他们从不远处的阳台上看到鸟儿被安全地放进了笼子里。它带来了教皇西克斯图斯四世授予有限公民自治权的消息，西克斯图斯的领土不仅涵盖了这片肥沃而自足的阿斯科利皮切诺土地，从亚得里亚海到亚平宁中部都是他的管辖范围，他还将马尔凯从阿布鲁佐和拉齐奥分开。因此这幅画不仅仅是一则圣

约阿希姆·安东尼则·特维尔的《卖蔬菜的女人》中有瑕疵的苹果，约1618年，布面油画。

经故事，它还蕴含着一些政治意味。尽管它试图以日常生活中的小细节迷惑我们，但还是能在画中看到许多食物、符号以及手势。不过，画里并没有任何令人头疼的谜团，克里韦利和他的主顾精心设计了画面，无论从什么层面来看，一切都合乎逻辑。那些正在与罗马教皇进行交易的方济会神职人员还有即将执行仪式的城中的神父都在画中，这座城市的守护神埃米迪乌斯，和大天使加布里埃尔一起跪在地上，而城镇中的居民则过着他们平静的生活。

在前景中有一些微小而显眼的静物，一个满是疙瘩的黄瓜和一个苹果非常似乎主导着整个故事。这不是现代家庭中刚刚怀孕的妇女健康饮食中的一部分，它象征着耶稣和他的母亲。阿斯科利皮切诺的公民能轻而易举地辨认出黄瓜是耶

巴尔托洛梅奥·斯卡皮的《烹饪的艺术》中切馅饼的小刀，1570年。

稣纯洁和忠贞的象征，苹果暗指圣母玛利亚的繁殖力。他们也意识到黄瓜代表了先知约拿，他的灾难预示着耶稣即将遭遇的困境，他在鲸鱼肚子里的三天预示着耶稣复活前在坟墓里的三天。黄瓜还象征着上帝对约拿的愤怒，敦促尼尼微放荡的居民悔改，但他们在后来的惩罚中获得的快乐比从赎罪和宽恕中获得的快乐更多。受到训斥的约拿坐在城墙外面生气，在烈日下受着煎熬。上帝造了一个快速长成的、可能是葫芦科的植物给他遮阴，又送了一只虫子来摧毁这个植物，这使约拿苦恼。上帝借此惩罚这个愤怒的老人，因为他关心一株植物胜过拯救一座城市。

苹果也有其他的含义。作为智慧之树的果实，它被亚当吃掉，造成了人类的堕落。在圣母玛利亚的救赎中，它是善与恶的象征。它们毋庸置疑地被克里韦利放在了画面的中心位置。不过许多市民也认为它们代表了意大利马尔凯肥沃土地上生长的农作物，用来歌颂那里延绵的海岸线、起伏的丘陵和草地，还有崎岖的亚平宁山脉。那里的坚果、水果和鲜花也时常出现在克里韦利的画作中。

英国国家肖像美术馆里克里韦利的《燕子圣母像》中，在大理石柱或是说圣母宝座上有一排刻着水果和坚果的浮雕画。圣母坐在那里，婴儿耶稣拿着一个圆形的水果，可能是苹果或橘子，浮雕上水果的颜色使它看起来像是真的，造成了一种类似于错视画的感受。尽管这些水果都具有某种象征意义，但它们描绘的也是那些水果本身，同时也暗示了那些运用了当地植物和食材的菜谱。例如一种流行的兔肉食谱，将兔腿肉和意大利熏肉、大蒜一起放入橄榄油中煎熟，再倒入一或两杯当地的维蒂奇诺葡萄酒，煮到汤汁快要完全收干，之后加入更多葡萄酒以及野生草药慢炖，包括了野生茴香的种子和新鲜叶子、当地橄榄、刺山柑，还有一些凤尾鱼、蘑菇以及动物的肝脏和肾脏。这道菜完成时，这只兔子会浸润在一种稠密而芳香的酱汁中，一股来自树林和田地的清香扑面而来。

平静画面中的善与恶

安德里亚·曼特尼亚，《圣母的胜利》，1496年，布面蛋彩画。

德·霍赫的《削苹果的女人》中的苹果也有着其象征寓意。一位主妇坐在温暖的壁炉旁削着苹果，头顶上的阳光从透明的玻璃窗户洒落，膝边站着一个小女孩。她脱掉了户外穿的鞋子，穿着拖鞋，封闭环境的保护（和约束）将她与外部世界、在外工作的男人们的世界，还有那些巨大的商业财富和世俗诱惑都隔绝起来。正在被她削皮的看似无害的苹果具有双重含义，同时它也象征着在善恶是非之间的选择，以及正在向天真的孩子传授是非观的母亲的角色。甚至小女孩拿在手里的果皮也可以看作是一种猜谜游戏：将它抛向空中，落下之后的形状可以预测未来的欢乐或悲伤，让人们想到严谨的加尔文主义的“救赎预定论”。这同时还令人想起古希腊神话中的赫斯帕里得斯的苹果，以及它与美而不是美德的联系。再或者它仅仅只是像食谱《聪明的厨师》中描述的那样，是用来制作荷兰传统苹果馅饼的食材：娴熟的厨师称将切片的苹果，加糖、肉桂和茴香调味作为馅料，再放入由面粉、奶油、黄油和玫瑰水制成的外壳之中。

这个有瑕疵的苹果也隐含着一则故事：一位母亲责备地告诫小女孩，这个不诚实的市井老妇人将一个烂苹果卖给了她。我们看到三个年龄段的女人，从天真的孩童，到精力旺盛的青壮年，再到暴躁的老年。这则故事也告诫着人们一个看似红润的苹果可能内部已经腐烂，又或者外表光鲜的年轻一代也可能内部正在堕落。

使用橘子切片纹饰的马尼塞斯陶盘。

苦涩与荣耀

曼特尼亚是曼图亚贡扎加的宫廷画家，他与他的皇室主顾关系紧张，而最终富有独立精神的执拗的艺术家与专横的资助人合作产出了令人惊叹的结果：贪婪的伊莎贝拉·埃斯特与顽固的老曼特尼亚碰撞出的创意火花在这幅作品中随处可见。我们在他的画作中看不到平凡生活中的食物和饮料，取而代之的是类似《圣母的胜利》中华丽的水果呈现。这幅画受伊莎贝拉委托，她希望在画中将她丈夫弗朗西斯科·冈萨加的那次饱受争议的军事行动描绘为一场大获全胜的战役。画中这位凯旋的公爵跪在圣母面前，圣母头顶有一个用植物叶子缠绕着的巨大穹顶，上面挂满了柑橘和苹果，仿佛夜空中闪烁的星星。它们象征着圣母的许多属性，也许参考了当地大规模种植的柠檬和橙子的蓬勃发展的农业。

乔凡娜·加尔佐尼，《一盘香橼静物画》，17世纪40年代末，牛皮纸蛋彩画。

普拉提纳可能在早年担任曼图亚公爵子女的家庭教师时，曾与曼特尼亚见过面，他在《论正确的快乐与良好的健康》一书中提到了几个橙子和柠檬的品种，描述了它们如何用于给烤肉和熟肉调味，以及切成薄片后，用油、盐和少许糖制作的清爽沙拉。一个世纪后斯卡皮又创造了一种适合鱼肉和鸡肉的柑橘酱，可以用任何酸味柑橘类水果制作，削皮或者不削皮，切碎后用与上面一样的方法调味。西班牙的虹彩陶盘manisès，想必就是受了这种柑橘酱的启发，将切片的橘子作为一种装饰的花纹。

香橼（*Citrus medica*）在罗马帝国时期就被用于烹饪，公元3世纪开始在意大利种植。苦橙和柠檬（*Citrus limon*）出现在中世纪，而甜橙（*Citrus sinensis*）直到15世纪初才进入人们的视野。同时出现的还有各种酸橙和柠檬，其中一些是甜的。利古里亚的气候和地形非常适合种植柑橘类水果，这也使它们出口到了意大利和欧洲各地。各个港口的海关记录中有大量关于它们的信息，烹饪和医疗文本中也记载了它们的各种用途。柑橘类水果也随着阿拉伯文明来到意大利南部和西西里岛。

可以在许多罗马马赛克镶嵌画中看到，作为第一批到达欧洲的柑橘类水果，

《圣母、圣子以及圣安妮》中人物头顶和身后的柠檬，杰罗拉莫·戴·里波利的一幅圣坛装饰画，1510—1518年。

香橼经常与其他调料一起被用来烹制肉类。亚历山大大帝从东方带回了柠檬等作物。而阿拉伯人将它们带到了西班牙和意大利南部，但因为北方不确定的气候，种植柑橘类的水果需要复杂的梯田和保护屏障，直到很久之后才获得商业上的成功，生产出在低地国家和英国备受珍视的农作物。曼特尼亚亲眼见证了当时蓬勃发展的农业贸易。一本名为《庆祝》的小册子中就记录了这样一段小插曲：1464年9月28日，他和一群志趣相投的古玩收藏家一起前往加尔达湖一日游寻找古典铭文，他们在芬芳的柠檬树林里嬉闹，在田园诗般的环境里为他们的发现手舞足蹈。清新的秋日空气，刺激的追逐，找到了20多则铭文的喜悦，还有乘船穿越湖泊的兴奋都被记录了下来。他们坐在来自东方的地毯上，在月桂树下乘凉，萨默勒·达·达勒弹奏着他的吉他，这一切可能启发了他创作“石头人”，而在他后来更加严肃的作品中仍然可见其影响。

一位天使拿着一个柠檬，保罗·莫兰多1510年创作的油画《圣母与圣子，施洗者圣约翰和一位天使》中的局部。

礼仪与美食的融合

作为一种奢侈的水果，香橼在中世纪出口到低地国家和北欧，也在犹太教的住棚节，一种庆祝丰收的节日上有着特殊用途。香橼或柚子被看作是出生和生育的珍贵象征，人们手中拿着外表粗糙的水果，以及一些柳树、棕榈和桃金娘的枝条在丰收的庄稼和临时神殿间穿行。这些祭祀植物的香气为这场仪式增添了神圣的气氛。仪式司仪用香橼皮和植物叶子摩擦，散发出了强烈的柠檬香味。这也被用来安抚分娩中的妇女，她们被建议通过咬住柚子的底部来消除紧张和疲劳感。16世纪早期由杰罗拉莫·戴·里波利创作的关于圣母和产妇的守护神圣安妮的基督教油画中，她们坐在柠檬树下，画中同时呈现了水果和花朵，象征着果实的治愈能力和圣母的繁殖力（见第214页）。另一幅出自保罗·莫兰多的作品，细节中展示了一位天使手持一个象征性的柑橘类水果，令人想到了柚子。

格奥尔格·弗莱格尔1638年的铜板油画《大餐》中显眼的柠檬。

从神圣到世俗

格奥尔格·弗莱格尔于1638年绘制的普通的一餐中，展现了一盘切成薄片的柠檬，它作为沙拉用于搭配烤鸡和一些盐鲱鱼，又附上了生洋葱片、面包、葡萄酒和橄榄。

众所周知，刺激的酸性汁液可以减少肉类和鱼类的腥味，正如我们在画中看到的那样，去了皮的柠檬切片搭配肥腻的嵌着丁香的火腿。柑橘类果皮中的芳香油是理想的葡萄酒调味剂，正如17世纪40年代早期德·西姆绘制的两种静物画中所见的。柠檬也出现在了堆砌着奢侈物品、有着华丽布局的画面中。它毫无忌惮地展示着财富与昂贵财产，却暗藏着对继承巨额遗产的不确定性和危险性。半去皮的柠檬在昂贵的鲁特琴上渗出汁液，玷污了华丽的银盘，一个倾斜的盘子里一只小龙虾快要掉了出来，被毫不在意地放在了皱巴巴的丝绸和天鹅绒上。我们在混乱的边缘徘徊，这种对昂贵的世俗物品的肆意炫耀终将导致道德腐败以及不可避免的惩罚。这幅画既谴责了对于财富的炫耀，同时也展示了自己的一众精美财产。

回到18世纪早期的意大利北部，克里斯托福罗·穆纳里在一顿简餐的画作中描绘了作为烤禽、煎鸡蛋、面包和葡萄酒陪衬的苦橙。这里的柑橘可能来自利古里亚，或者更近的加尔达湖。托马索·芮芳索描绘意大利南部传统复活节美食的静物油画中，除了萨拉米香肠、奶酪、煮鸡蛋以及节日面包，也包含了当地的柠檬和芬芳的花朵。

扬·戴维茨·德·西姆，《玻璃杯、柠檬和生蚝静物画》，约1640年，板面油画。

水果摊上的其他水果

榅桲、李子、梨、浆果、樱桃和山楂都可以在果摊上看到。榅桲曾是在英格兰常见且备受喜爱的水果，具有多种用途。如今，它坚硬的肉质使其不再在市场受到欢迎：要让它美味需要一番功夫，它并不是最佳的甜点水果。这是一种令人遗憾的损失，因为英国榅桲有着美好的香气，只需一碗便可以使整个房间沐浴芬芳。17世纪的家庭主妇将它们制作成果冻、糊状物以及蜜饯。

克里韦利的许多油画中都能看到榅桲，它们像《圣母与圣子》里富有象征性的苹果那样悬挂着。还有那些描绘学习中的圣杰罗姆的画作中，这位博学的男子常在一个装满好东西的架子下埋头工作：装着糖浆水果的锡釉彩陶陶罐、盒装果

扬·戴维茨·德·西姆的《酒杯、玻璃架和乐器静物画》中堆砌的惊人的物件，其中一些是可食用的，约1645年，布面油画。

酱，可能还有榅桲糕（它的意大利名字cotogna意思是新鲜榅桲上的小绒毛），以及一些新鲜水果，其中也可能有榅桲。果酱会在夏季收获果实时制作，是留到冬季食用的策略食物之一。将糖、蜂蜜或葡萄和水果一起煮，制作出的果酱或果冻是一种廉价而美味的维生素来源。在很久以前的静物画中，我们就看到了圆形木箱和纸封罐子，直到18世纪的西班牙，我们仍然能够在画家梅伦德斯妻子的橱柜里见到它们，这见证了一个节俭的马德里家庭夏日的辛劳：糖浆水果罐头，仍然新鲜的核桃，装着牛轧糖的矩形木盒和装着橘子酱的圆形木盒。

做成果酱仍然是享用榅桲的最佳方式之一，并且制作方法十分简单。深秋和整个冬季榅桲被从土耳其甚至遥远的智利运抵商店，但英国产的榅桲才是最好的。将其去核，加入糖和少许的水煮沸，也许还有一些丁香和一根肉桂棒，看到水果的果絮从暗淡的泥浆色变成深红色，是最令人感到满足的事情。制作榅桲果冻的时候也会看到同样美丽的颜色变化，是这个烹饪游戏的美好点缀。斯卡皮有一道美食就是在苦涩的橙子和榅桲中加入糖，不过与以醋做基底的酸辣酱相比，还是缺少了一点个性。

石榴

石榴沿着丝绸之路，从波斯和印度境内的喜马拉雅山脉与阿拉伯移民一起抵达西班牙，并在这里得到了广泛种植。据说城市格拉纳达的名字就是源于这种水果的西语词汇granada，石榴后来也成了这座城市的象征。不过也有人认为它的名字源于Gharnáta，一个在11世纪融入新城市的郊区。

石榴在阿拉伯语中叫作rumman，借用到中世纪意大利食谱中，被称为romania，使这道菜的名字由来显得扑朔迷离——它既不来自罗马尼亚红酒，也不来自一些学者曾经认为的“罗马”，Rummaniya是许多中世纪阿拉伯关于烹饪的文字中食谱的名称。一本来自意大利南部的15世纪手抄本中曾记载romania的做法——将鸡和切碎的培根和洋葱一起煎，裹上去皮碾碎的杏仁，再加上少许糖、香料以及酸甜的石榴汁，用一只木勺搅拌。

阿尔·巴格达迪的《菜肴之书》中有一道叫rummaniya的食谱，它用洋葱、茄子、葫芦、香料和羊肉一起炖，再用干薄荷和鲜榨的酸石榴汁还有大蒜调味以完成这道菜。将果汁煮成浓稠的糖浆，作为一种为咸味菜肴添加甜或酸味道的调味品，至今仍用于地中海美食。波斯的“红石榴核桃炖鸡”是一道口感丰富的菜肴，它将野鸡或鸭子与煎过的洋葱沫一起烹饪，再放入美味的鸭汤里，并加入稍微碾碎的核桃，最后用新鲜的石榴糖浆提味。这样的料理可能是和水果的药用知识一起从波斯传到西方的吧？

托马索·芮芳索，《咸味复活节餐》，18世纪早期，布面油画。

克里斯托福罗·穆纳里，《煎蛋、柠檬、面包和一瓶葡萄酒静物画》，约1700年，板面油画。

珀尔塞福涅是德墨忒尔的女儿，春天女神，因在阴间被引诱吃了一些石榴籽，而被惩罚一年只有三分之一的时间可以重返人间。德墨忒尔因为失去她的孩子而悲伤，忽视了世间的生物，造成了冬天，又在春天引导了生命的复苏，因此石榴成了丰收的象征，也代表了失去。它的象征性也被用在了《圣母和圣子》的画作里。画中，圣子手上的石榴可能暗示着他的痛苦和复活，以及他母亲的生育力，而大量的石榴籽可能代表着教会众多的会众。

但丁·加百利·罗塞蒂有一幅描绘穿着飘逸中世纪长袍的普洛塞尔皮娜的画作。一位体态丰满的美人拿着一个丰满的水果，但看起来很不开心，这也许是对

路易斯·梅伦德斯，《橘子和核桃静物画》，1772年，布面油画。

他的模特简和威廉·莫里斯不幸婚姻的暗示。罗塞蒂和莫里斯都能痛苦地意识到中世纪和古典文化中的象征手法。

梨子配奶酪

还有一种有时象征繁殖力的水果，梨子。我们在曼特尼亚和克里韦利画作里的水果堆中，还有庞贝的水果碗里都见到过它们。一句意大利谚语告诉我们："不要让农民知道奶酪搭配梨子有多好吃"（Al contadino non far sapere quant'è buono il formaggio con le pere）这可能是乡下人的俗语，也可能是敏锐的社会观察，主要取决于说这话的人的社会地位。

乔凡娜·加尔佐尼，《盘子上一个切开的石榴、一只蚱蜢、一只蜗牛和两个栗子静物画》，牛皮纸上的蛋彩画。

奶酪被认为是廉价食物，但是能够将奶酪搭配上一个因其短暂的季节性而尤为奢侈的、熟透了的梨子，就成为身份的象征。当富有的主顾们在造访贫民窟、品尝“穷家菜”时，那可能是个打趣的小玩笑：那些地位较低、品味粗野的农民不应该欣赏或知道他们日常食物的价值。但似乎农民们才是笑到最后的人，他们早就知道了这种搭配，正如这句谚语的另一个版本所说：“不要让农民知道奶酪搭配梨子有多好吃。但是农民并不傻，早在他的雇主前就知道了。”（Al contadino non far sapere quanto è buono il formaggio con le pere. Ma il contadino，che non era coglione，lo sapeva prima del padrone.）

梅伦德斯一定为他那幅静物画（见第225页）挑选了新鲜的曼彻格奶酪搭配梨子，这样梨子清甜的汁水正好能平衡奶酪的酸味和咸味。

波提切利，《持石榴的圣母》局部，描绘了婴儿的面容和一个石榴，约1487年，板面蛋彩画。

调味料和美食

人类历史上一直用草药和香料为食物增添味道，使可口的菜肴更加美味，为平淡无奇的食材提升口感。香料并不是像一些作家所声称的那样，被用来“掩盖腐坏的肉的味道”。任何能买得起香料的人都有能力获取到大量的新鲜肉和鱼。与普遍观点不同，并不是所有家畜都在初冬被宰杀、腌制和风干，还有相当多的一整年持续为富人们饲养的肉禽，还有数量可观的火腿、香肠，以及腌制、盐渍风干的肉和鱼。用香料腌肉是一种享受，但不是必需，它是少数特权阶级享有的乐趣。不那么富裕的人也有各种草药、种子和辛味植物中可供选择，它们同样可以提升豆类、蔬菜和肉类的味道。

乔凡娜·加尔佐尼，《盘子上的梨、茉莉花和榛子静物画》，牛皮纸蛋彩画。

味觉提升和可怕气味

除了那些看上去吃起来都令人愉悦的香料和草药外，从古代世界到罗马帝国后期，还有许多闻起来十分可怕，并且一点儿也不好看的调味品，常被用于烹饪。泰国和印度尼西亚的鱼酱（*nuoc mam*或*nam pla*），印尼的固态鱼酱（*trassi*），还有中国的刺鼻的臭豆腐和酱油都让我们想起这一类产品。如果我们要重现《阿比修斯食谱》中的菜肴，现在已经在当地灭绝的罗盘草是一种必要的成分，还有一种从类似阿魏的植物中提取的有难闻气味的胶状物质。这种带有恶臭的物质是一种令人惊叹的催化剂，不仅添加了咸味，还能为酱料、炖菜、沙拉甚至甜点增添奇妙的风味。*Garum*和*liquamen*（两种希腊–罗马时代的鱼酱）的恶臭味并不是由于食物腐坏，

路易斯·梅伦德斯（1716—1780），《曼彻格奶酪、梨和陶器壶》，布面油画。

而是通过精心处理的酶，将小鱼的内脏、血和肉转换为气味刺鼻的液体，其中含有一种美味的残留物"*allec*"。这些液体会被作为厨房里的调味品以及餐桌上的开胃菜。它们是很普遍的调味品，没有出现在宴席画面上，但是，对遗存下来的双耳陶罐的检测表明，生产这些日常调味品的复杂工序决定

来自北非昔兰尼的银币上展示的罗盘草和种子，加上一只富有象征性的狮子头。

了储存和运输它们的容器。双耳陶罐尖锐的底部可以用来容纳骨头的残余物和制作过程中产生的黏性物质，萨利·格兰杰曾详细描述过，正是这些物质最后成了“*allec*”，一种较为便宜的酱料或调味品。鱼酱是用巨大的混凝土桶大规模生产的，将精选的鱼和盐充分结合，直到可以被过滤进陶罐中，从陆路或海路被运往远方。有时，这些鱼酱会在运输的途中继续发酵，最好的酱汁被滤出后，剩余的液体仍可被制成其他不同质量的酱汁，而在漫长的海上旅途中，也需要在陶罐中加入更多液体。每天有各种各样的葡萄酒、鱼酱，还有优质葡萄酒被送去罗马帝国各地。它们就像我们现在的番茄酱和伍斯特酱油一样无处不在。我们仍然不清楚，像这样常用的调味品是如何在后来的中世纪厨房和餐桌上神秘地消失的。

家酿啤酒

酿制啤酒是英国乡村别墅和城堡日常生活中的重要部分。考古发现的以及现存的英国庄园建筑结构的平面图和圣加尔的结构一致，面包房和啤酒坊在靠近酒窖和厨房的位置，它们共享空间和设施。沃尔特·比伯沃斯对这一切十分熟悉，他那语气友善、温和、有趣的法语小册子中，是在大约1224年，为了他在赫特福德的一个朋友和邻居，迪奥尼西·德·蒙彻斯的孩子而写作的，其中使用了盎格鲁-诺曼时代的词汇，还包括了一段关于当时啤酒制作的简洁描述。安德鲁·多尔比的翻译巧妙地转述了一个小绅士的妻子对于完成这种必需的家庭事务所需要

庞贝遗址中描绘鱼的马赛克镶嵌画局部，公元1世纪。

的一切。她的三个孩子被打扮成讲法语的诺曼贵族中的一员，但她自己的法语可能没那么流利，因此这本方便的常用语手册帮了她的忙。

现在你也将知道如何制麦和酿啤酒了，
啤酒使我们的婚礼宴席更加生动。
女孩，点燃茴香秆吧（在吃完香料蛋糕之后）；
将大麦浸泡在又深又大的桶里，
当浸泡透了再将水倒掉，
去那个高高的阁楼里，
把你的谷物铺在那里直到它发好芽；
之前被称为谷物的现在被称为麦芽。
用手将麦芽垒成堆或行；

一位僧侣在家中为退休的工匠酿造啤酒，出自一本1420年的德国修道院家用手册。

篮子，大的小的，给你足够多。

当麦芽磨好，在热水里浸透；

你让水充分排干，现在将它倒出糖化桶，

直到酿酒女工知道她有足够的麦芽汁；

之后，她将拥有小麦或大麦的浆汁。

这样，人们在酿造的过程中，

如此聪明地使用着酵母和麦芽汁——我无法形容这一切——

从一门技术到另一门技术你必须完成好每一步，

直到做出了好啤酒，人们会对此非常满意。

有些人喝了太多，当场喝醉了。

商业啤酒生产

自中世纪起，公众对饮用啤酒的喜爱使得啤酒制造业拥有了不错的收入，这促使想获得尽可能多收入的统治者和政府也想从中得到更多好处，但同时一方面又不能过分削减酿酒商的利益，也要避免造成民众对政府的不信任。提高酿酒的质量和数量对每个人都有利，政府也能获得更多的税收。因此，一种共生关系在制造商、消费者和政府之间萌生，啤酒保持了以往的质量，原料得到了保障，啤酒消费得到鼓励，还有金钱，像麦芽汁一样，源源不断地流入了啤酒商和政府的口袋。这样一来，啤酒不仅被在家中小规模地酿造，也在镇上的商业作坊里生产。他们可以将作坊地址选在靠近新鲜水源的地方，这是至关重要的一点，也可以筹集资金改善设备，与此同时，政府机关监管着啤酒的质量并对其征税。这就是为什么关于啤酒的记载会如此完整。

啤酒和爱国主义

在17世纪的低地国家中，那些富裕的贸易国家将啤酒作为其爱国主义成就的象征。水手和商人将全麦面包、鲱鱼和啤酒带给了闭塞的民众，给予他们力量和活力。而这些日常所需品以平淡而沉闷的布局被描绘在画作中，挂在富商家中的墙壁上。和这些画作一起展示的还有他们用辛劳的工作换来的奢侈品。这些备受欢迎的画作被艺术家们一遍又一遍地重复，因为他们的主顾享受着这样的富裕生活，并在他们的联排别墅里放满了用财富买来的奢侈品，他们一面虔诚而踏实地生活和工作，一面自豪地夸耀着自己的财富。

在本书第231页格奥尔格·海因茨的这幅画中，有一只带有着啤酒泡的半空玻璃杯。尽管啤酒是健康的，但杯子上的那只苍蝇象征着堕落，而旁边的坚果象征着救赎（它的壳象征着十字架的木头，而美味的坚果象征着耶稣对人类的爱）。这位德国画家在低地国家为那些喜欢他画中信息和寓意的主顾服务。扬·斯滕的

彼得·克莱兹,《早餐》，克莱兹的早餐包括面包、鲱鱼和啤酒；1636年，木板油画。

画作与莱顿的家族酿酒厂有着千丝万缕的联系，他生动的饮酒场景常常为他赢得顾客们的欢心。他有一幅描绘一个体面的家庭在他们开始朴素的一餐前做着餐前祈祷的画，面前象征着他们的虔诚和信仰的食物使这个家庭更令人尊敬。从富裕的工匠那里买来的面包、奶酪，还有一块显示了一定财富的精致火腿，看起来似乎超越了他们的消费水平。其实购买奶酪和火腿都会花费大量的钱财。斯滕的顾客还购买了一些描绘醉酒场景的画作：农民在酒馆里痛饮，或者一个醉汉正在调戏一位怀孕的女招待（一幅坦率的自画像），再或是在一片残破和混乱之中的喝醉的一家人。这些画作也会被酒品好的客人挂在自家的墙上。我们可以看到啤酒承载着各种不同信息：它是一个勇敢的国家与来自外部和内部的逆境斗争的生命线，但同时这种液体也可能会降低国家的道德标准。

面包的政治

面包店聚集了人们的快乐和不满。新鲜出炉的面包对人们的视觉和嗅觉有着巨大的吸引力，但同时民众和政府对它的定价表示担忧，而面包作坊和面包店的

格奥尔格·海因茨，《啤酒杯和坚果静物画》，1660年，布面油画。

德行，在整个历史中一直困扰着消费者、道德家和政治家。面包和马戏团是安抚罗马暴民的良方，法国大革命则是由于面包价格的上涨激怒了民众而引发的。早在面包成为一种基督教符号之前，它作为神的祭品的祭祀属性就已经存在了。

面包和葡萄酒具有的圣餐意义使它们被详细描绘在圣经故事的画作之中，它们不仅是《最后的晚餐》或一场圣餐的餐桌布置中的一部分，也是具有神圣意味的日常食物。在本书第233页第一幅加泰罗尼亚祭坛绘画中出现了小面包卷和一些大的面包盘，被整齐切片的可能是一种果挞。

酵母具有一种神奇的功能，顽固的面团在它的作用下变成一种轻柔有弹性的物质，最终在烤箱的热度下成形，这是个几乎奇迹般的过程。炼金术士试图将普通金属炼造成黄金，而面包师则创造了更加神奇的转变。

面包、馅饼、蛋挞、圆面包、饼干等各种烘焙食品经常出现在艺术品中，它们有时出现在宗教或神话主题的背景中，有时作为风俗画的一部分，或是作为静物画中的元素。圣餐中的面包和葡萄酒即使是在世俗背景下也有着象征意义。它们可以使低地国家静物画中一顿简餐里的元素充满宗教意义。从实际层面来说，面包和葡萄酒是本笃会膳食中的重要元素，而制作它们也是本笃会生活的重要组成：种植和照料葡萄藤和小麦是这个自给自足的教会的主要工作。

视觉双关语

“秕糠学会”是17世纪佛罗伦萨的一个学术社团，他们的标志之一，也是弗朗西斯科·里多尔菲的标志，看起来像是夹在panino（三明治）里的萨拉米香肠，上面写着令人费解的“翻新”。这是一个借用了有着相似视觉的三明治的视觉双关语，但它指的是一个居家小窍门：将失去光泽的镀银或金的蕾丝放入新鲜出炉的面包卷，酵母的功效会恢复金银的光泽。谚语“这样它的精华就被修复了”（*Perché la sua bontà si disasconda*），解释了一切。

理想的伙伴关系

本书第236页这幅扬·斯滕创作的肖像画描绘了一对理想的夫妻：莱顿的面包师阿伦特·乌斯沃德和他的妻子凯瑟琳娜·凯泽沃德。烤箱的热气让这位衣冠不整却有着非凡魅力的年轻人看起来满脸通红，他正为他的作品感到骄傲。一旁，他穿着整洁而略显拘谨的妻子，正小心翼翼地拿着一个易碎的面包干，噘着嘴，眼神中透出一股精明。背景里一个孩童正吹着号角招揽顾客。阿伦特端着一个放着大块面包的烤盘，椒盐卷饼挂在一根有分枝的杆子上，而百吉饼和面包卷分散在柜台上，还有很多节日食用的花式面包靠在墙上。是谁的智慧在推动发展这段良好的商业合作关系似乎显而易见。

基督在最后的晚餐上切割面包，一幅加泰罗尼亚祭坛绘画的局部。

约瑟法·德·奥比多斯，《糕点和鲜花静物画》，1676年，布面油画。

大橄榄山修道院中索多玛的壁画细节，描绘了本笃会僧侣的含有面包的一餐，锡耶纳，画于1505—1508年。

浸水的面包圈

在阿伦特的柜台上可以看到一些百吉饼；这种古老的在加尔文主义国家出现的需要两次烹饪的面包圈提醒了人们，纽约百吉饼不过是这种波兰传统犹太糕点的小兄弟。15世纪的意大利宫廷和平民都会制作塔拉利[1]和炸甜甜圈。而17世纪时，佩鲁贾一所修道院的玛利亚·维多利亚·德拉·韦尔德修女留下了一道名为

1 Taralli，意大利南部常见的一种环形休闲食品。类似椒盐卷饼的质地，有甜味和咸味两种。

“浸水的甜甜圈”的甜点，要将面包圈在烘焙之前先浸没在沸水中。

3岁的王子弗朗切斯科·德·美第奇左手拿着一个面包圈，同时以不自然的冷静定格在一幅宫廷画像中，也许在展望他作为贪吃的红衣主教的未来。在一幅割礼画面中，曼特尼亚描绘了非常年轻的施洗者约翰焦虑地啃着一个甜甜圈，并安慰着一个可怜的孩子。克里斯托福罗·穆纳里也在一些静物画中描绘了甜甜圈——这种有着发亮外观的面包圈需要先浸泡在沸水中，之后沥干，再放入烤箱烘烤——它的出现会以例如蓝白相间的中国瓷器和一把咖啡或巧克力壶这样的华丽物件作为背景，或与温室水果和成熟的西瓜一起入画，或者在更加朴实的版本中，它会和奶酪、萨拉米腊肠、无花果一起作为一餐，再加上一瓶当地的葡萄酒。

一把典礼用的铲子，也是“秕糠学会”成员弗朗西斯科·里多尔菲的个人纹章，1653年，板面油画。

艺术品糕点

在莱昂德罗·巴萨诺的《安东尼和克利奥帕特拉的盛宴》中可以看到一个长凳上放着的一个果挞，旁边篮子里丰富的水果和蔬菜。这些描绘着这种糕点的罕见图画像展示了这些甜品的真实面貌，是对50年后罗伯特·梅粗糙的木版画的修正，而他本人也曾制作过类似的馅饼。大厨巴尔托洛梅奥·斯卡皮对他专业的甜点团队制作的这些点心的装饰性外观很不屑。他关心的是这些糕点的内容，而它

扬·斯滕，莱顿的画作，《面包师阿伦特·乌斯沃德和他的妻子凯瑟琳娜·凯泽沃德》，1658—1659年，木板油画。

们的外观是其他专家的工作。他总结了各种糕点的食谱，其中有用粗制的全麦面粉和水制成的坚固但不可食用的面壳，里面包裹了大块的调味的肉或内脏，这种外壳可以抵挡烤箱的高温，并使里面的内容在几天内都保持新鲜。也有食用期短暂的酥皮糕点，用细面粉、黄油、玫瑰水有时还有猪油做成的松脆易碎的糕点，从烤箱拿出就需立即食用，只需揭开上面格子状的覆盖物——用条状面皮拼合成的结式装饰物，以及围绕着馅饼的华丽外圈。以皇冠，或皇家装饰，或星星形状的预先做好的面壳中，加入带有香味的蛋糕奶油或杏仁牛奶布丁，并撒上了糖和肉桂。但斯卡皮对这些面点师傅的技巧毫不在意，认为这些“只是为了取悦顾客，没有其他意义”，尽管如此，它们还是受到了画家们的欢迎，因为他们的主顾喜欢这种烦琐花哨的作品以及令人愉悦的艺术效果。

朱斯托·苏特蒙斯，《弗朗切斯科·德·美第奇和她的家庭教师埃莱娜·加埃尼·博尼梅》，1663—1664年，布面油画。

克里斯托福罗·穆纳里（1667—1720年）描绘的局部类似百吉饼的食物，《盒子、玻璃壶、瓷器肉桂杯、咖啡、甜甜圈》，木板油画。

莱昂德罗·巴萨诺的《安东尼和克利奥帕特拉的盛宴》中的局部，约1610年，布面油画。

一个不情愿的保姆

画家科内利斯·德·沃斯的女儿，多动的苏珊娜经历了糖果冲动，想必是她短胖的指间还残留着的饼干碎片引起的。可以想象在愤怒驱使下，这个小女孩使空气中充斥着她的尖叫声，并用脚敲击着困住她的粗壮的婴儿椅。我们在画面中看到的饼干残渣与克拉拉·佩特斯画中的类似。这种深色物质可能是香料的混合物，主要源于肉桂和豆蔻中的深色成分，它被糕点师当作区别于苍白外壳的装饰物，可以透过面点上错综的网格看到。

本书第241页下图中这个端着一篮面包和糕点的忧伤的男孩侍者，对于他的卑微身份而言这似乎已是一种享受，这也让我们看到当时意大利烘焙食品的种类。

二十四只画眉鸟

馅饼有着悠久而丰富多彩的历史，它可以被看作是一种装有不明来历的廉价食品的容器，又或是塞满了稀有而昂贵的干果、坚果、糖、香料、松露、牛（羊）杂等美食的容器。它也是一种众所周知并备受欢迎的聚会上的小把戏：将活的鸟放进一个巨大而华丽的馅饼空壳中，让它们飞出壳来以给客人惊喜。谨慎的厨师会用细线把它们缝在容器上，使它们可以回收利用。

馅饼可以作为一种实用的手持的街头食物，就像瓦莱达奥斯塔的伊索涅城堡里的壁画中生产线上的小馅饼一样。画中的面包师和屠夫并排站着，可以推测，在商店的碗里混合馅料之前，宰杀和分割就已经完成了。

烘焙带壳或有肠衣的食物有着显著的实用性：它是便携式的，可以拿在手上，是旅行者的理想食物，可以良好地适应旅途中的严峻情况。而最重要的是，用香料和糖腌制，再经过适当烹饪和储存后，馅料几乎是无菌的，细菌在烹饪过程中已经被杀死，还可以使其隔绝空气中的病原体。在馅饼里烹饪过的野味和肉可以保持一段时间新鲜，将它装在保护性的外壳中，可以作为礼物送给远方的朋友，不过可能在经历了太久的旅途之后里面的野兔或腿肉已经不再美味了。因此，这样的外壳的实用性要大于其美食性。一个用粗黑麦和小麦面粉制作的坚硬的外壳会被丢弃，只食取里面用黄油和培根混合腌制过的嫩肉块。

塞巴斯蒂安・斯得斯科夫的静物画中看起来厚重的馅饼是刻意与那些易碎而优雅的葡萄酒杯形成反差。那些肉（鸡肉或兔肉）已经用凝固的猪油润过色以让它保持湿润，而烹制完并已冷却的内容可能填满了汁液，并凝成了僵硬的肉冻，这样一来既增强了味道，又拥有了不同的口感，更重要的是隔绝了空气。

事实上，一个精致馅饼的外壳本身就可以成为一件艺术品。对于静物画中馅饼的观察能加深我们对于其食谱的了解，同样也能更加了解艺术家内心的想法。一个用昂贵食材制成的装饰性馅饼可以被放入奢侈品陈列中——而那些乐器、丝绸锦缎、温室水果和带有雕刻的银质高酒杯，通常都带有一些寓意。一个看似普通却有着华丽填充物的馅饼可能具有一定的象征意义——昂贵的食材隐藏在一个

克拉拉·佩特斯（约1594—1657年）的一幅静物画的局部。

伪装性的朴实外壳里，就像低地国家那些富商的妻子将她们的性感魅力隐藏在一套简单的深色服装下面，只在领口和袖口装饰了白色蕾丝花边；一座阿姆斯特丹联排别墅的普通砖瓦外观让人看不出它里面的财富，尽管它的阁楼里装满了成功贸易带来的成果，还有卧室里满满的现代家居；而华丽的三角只是将货物从运河运往仓库的严肃的绞盘和滑轮上分散人们注意力的装饰。对于一个馅饼来说，它的简单外观是为了隐藏以及暗示着只供私人的财富与感官享受。

不过馅饼并不仅是伪装，它也暗藏着将内在暴露在外部世界后可能变质的危险：一旦馅饼里面的内容暴露在外，之前保存完好未经污染的内容便会开始腐坏变质，因此暴露在外的馅料可能意味着失去保护的纯洁面临的潜在堕落。因此，纯良的妇女最好是在家庭狭窄的围墙中从事家庭工作，这样

科内利斯·德·沃斯，《苏珊娜·德·沃斯》，1627年，布面油画。

埃瓦里斯托·巴斯赫尼斯，《拿着一篮面包、糕点的男孩》，1655—1665年，布面油画。

工作中的馅饼制作者，来自15世纪晚期伊索涅城堡壁画局部，瓦莱达奥斯塔。

才能受到保护和珍重（理论上如此，但实际上她们会在市场里讨价还价以及经营买卖）。

低地国家的弗兰肯家族在略显老派的寻常主题画作中详细描绘了馅饼、蛋挞和一些甜食，像是《富人和乞丐》《伯沙撒的盛宴》和《回头的浪子》作品。在意大利，巴洛克风格宴席中的糖塑和trionfi[1]很快就会让这些馅饼黯然失色。但与此同时，巨大的馅饼采用夸张的羽毛和头部做成具装饰性的鸟的外壳，里面则是这些鸟的肉。这样一来孔雀的象征意义可以通过它被回收的羽毛传递，这比将烤好的鸟缝进它的皮肤里的中世纪做法要容易一些。1644年，大卫·丹尼尔斯画

1　是一种15世纪的意大利卡牌游戏，在意大利语中意为“胜利”。

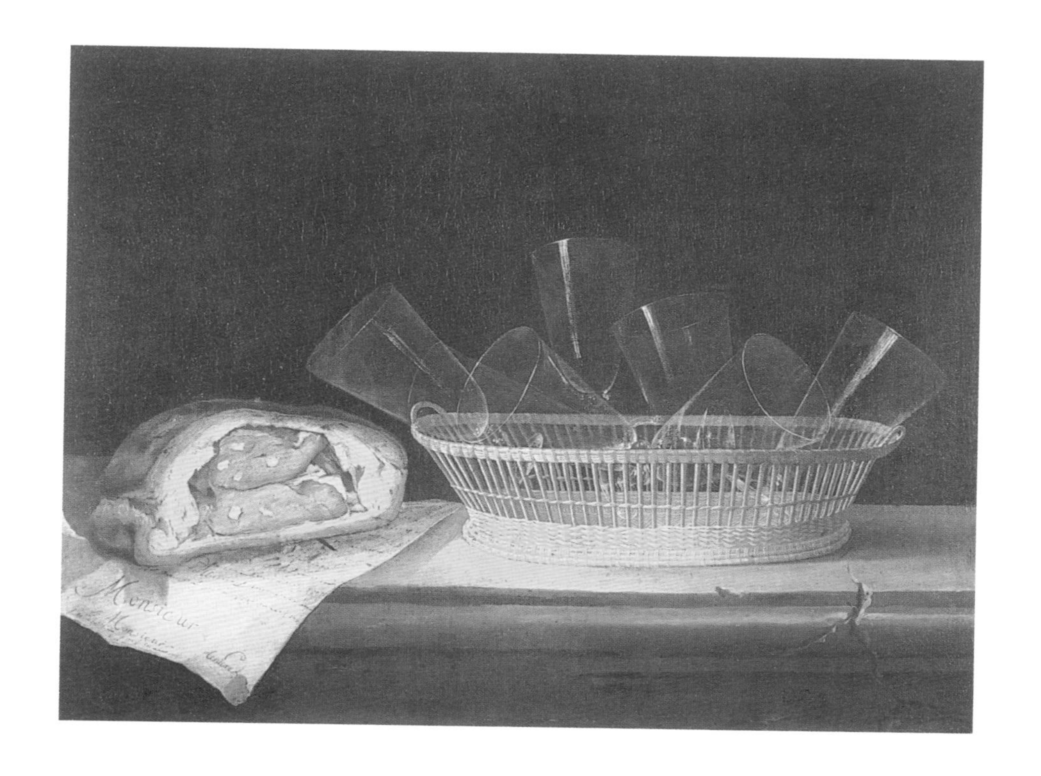

塞巴斯蒂安·斯得斯科夫,《篮子、玻璃杯和馅饼静物画》,1630—1640年,布面油画。

了一个含有一只华丽的天鹅馅饼的巨大而隆重的厨房，可能是为婚礼宴席准备的，馅饼上悬挂着的爱的标志似乎指向这一点。

柑橘类水果和一个细节详尽的华丽馅饼出现在了德·西姆的一幅静物画中，还能看到隐藏在馅饼馅料中一团干果和松子里的腌制过的橘子。

意大利面——叉子出现前用手指

将易腐坏的面粉做成意大利面是一种保存它的好方法。晾干后，如果储存得当，它能存放很长时间，并成为一种很

卡斯蒂安·路克斯（1623—约1675年）的一幅静物画，对馅饼进行了事无巨细的描绘。

实用的商品。从前有很多记载中提及意大利面，一位热那亚商人还在他的遗嘱中留下了一桶，这使我们能将面条的起源追溯到古罗马，也许伊特鲁里亚人就开始食用意大利面了，阿拉伯人则是肯定的。尽管相关的图像依据很少，但是本书第247页这幅14世纪版本的《健康全书》中的精美插图向我们展现了一个典型的意大利北部妇女制作新鲜意大利面的情景。她用到了鸡蛋和面粉团，将其卷成薄片，再切成细条状，再铺开并晾干。几个世纪后，米泰利的一幅版画描绘了一个用手指吃着意大利面的男人，这是一种传统的并被人所接受的习俗。这样的场景也常常出现在19世纪的彩色印刷品中，就好像现在的旅游明信片：富裕的外国游客十分乐于看到那不勒斯的赤脚顽童向人讨要硬币以换取一碗意大利面，并表演

一个有着两个头的“怪物馅饼”的细节，出自托马斯·喜佩斯的《静物画》，1668年，布面油画。

一个天鹅馅饼的细节，出自大卫·丹尼尔斯的《厨房场景》，1644年，铜面油画。

如何用他们粗短的小手指吃面的场景。

叉子是在欧洲美食史的后期出现的，也许是为了能更有效地将条状物或长意大利面从盘子送入口中，而勺子则更方便食用短意大利面或带馅儿的食物。那个赤脚顽童在某种程度上误导了大众，用手吃面成为社会阶级间的分隔，嘲笑他

一个切开的馅饼的局部，来自精致的荷兰“pronkstilleven”（奢华静物画）油画。

的绅士们可能是那些用叉子和勺子吃意大利面的人，但几乎找不到任何图像依据来证明到底发生了什么。

其他餐具和器具随着新的饮料——茶、咖啡和可可——一起被带入欧洲。而餐前准备与用餐时用到的工具和礼仪也是享受美食的一部分。

神之饮品

在15世纪后期，巧克力饮品在新大陆发现之后抵达欧洲，作为一种酒精饮料

妇女们在制作意大利面，出自14世纪伦巴第出品的《切瑞蒂家族的四季》手抄本，《健康全书》的另一个版本。

的时尚替代品流行起来。饮用它用到的工具和礼仪是富裕的马德里社会的一种体现，在梅伦德斯的静物画中可以看到咖啡壶和搅拌器，还有几碟等待烘烤和研磨的加工过的硬可可、一个特殊烧杯，以及适合一起享用的甜面包和面点。

可可（*Theobroma cacao*）生长在拉丁美洲部分地区，我们使用的是它的果实。这种树上豆荚里的种子和豆子与我们熟悉的巧克力毫无相似之处。我们不能确定五千年前墨西哥南部的原始部落是如何将这种无味又其貌不扬的豆荚和里面的豆子转化成香气怡人而具有提神功效的神之饮品。奥尔梅克人也许是第一个做这件事的人。将豆子和周围的果肉一起取出，便可以开始发酵，在烘焙之前先让它晾干，再挑选出里面最好的“大个头”，将其烘烤、研磨，便可以得到我们熟悉的产品。一系列的化学反应将苦涩的豆子转换成一种复杂的混合物，包含了咖啡因、可可碱、血清素和苯乙胺。其中的可可碱和咖啡因有助于健康，也会使

"Mangia Bene"（吃得好），来自朱塞佩·米特利在1690年创作的一套意大利纸牌中的一张。

人上瘾、令人愉悦。但是索菲·科在《巧克力真正的历史》一书中谨慎地提醒我们，可可里面的化学成分过于复杂，我们不能轻易给它的功效定下夸张的结论，特别是有关于阿兹特克人在仪式中的使用。1051年的《努塔尔法典》[1]中就有关于一位战斗英雄八鹿王，从妻子十三蛇公主那里得到一杯泡沫可可的描述。可可上面的泡沫是由一个容器从高处倒入另一个容器中而得来的。

在17世纪的恰帕斯，可可古老的用途延续了下来。当地的西班牙贵族一定从原住民仆人那里学到了许多，他们曾借用这种神圣的饮料达到某种恍惚状态来与神交流。召唤出蛇神之头幻象的神圣烟雾萦绕在信徒们的脑袋周围，就像西班牙征服者教堂里的香火一样。穿着华服拿着道具的牧师或统治者并不是为了享乐沉浸在烟雾中，而是借此与祖先和神灵交流。这种令人兴奋的烟雾和幻觉的主要成分是巧克力，它也决定了恰帕斯大主教唐·贝尔纳多·德·萨拉萨尔的命运——被他的一个教民刺杀。他会众里的妇女们习惯在弥撒期间带上一杯泡沫巧克力，他对此表示反对。但她们拒绝放弃这种习惯。教会中激烈的争吵，由于大主教突然中毒身

1　*Codex Zouche-Nuttall*，是一本前哥伦布时期米斯特克象形文稿记载，其中记录了11—12世纪瓦哈卡高地上的一个米斯特克小城邦的统治者的族谱。

路易斯·梅伦德斯，《巧克力餐静物画》，1770年，布面油画。

亡而终止——多娜·马格德莱娜·莫拉莱斯贿赂了他的一个仆人，将一些毒药放进一个巧克力烧杯中。而恰帕斯市也因为其巧克力制品而闻名于世。

恰帕斯的妇女们并不轻浮。巧克力是一种神圣的饮料，她们知道，她们的仆人也知道。对于大主教而言，使妇女们在新旧习俗中做出选择是极为困难的，她们无法放弃其中的任何一个，当然，她们的复仇是残忍的。

13世纪被称为《努塔尔法典》的折页手抄本中，一位米斯特克皇室成员的妻子向丈夫递上一杯带有泡沫的巧克力。

厨房里的哲学家

墨西哥修女胡安娜·伊内斯·德·拉·科鲁斯于1669年来到墨西哥城的圣保拉的杰罗诺米特修道院，1695年在那里去世。1648年，她以胡安娜·拉米热孜·德·阿斯巴杰的身份出生在波波卡特佩特山的圣米格尔·内尔潘特拉，她祖父的庄园中。在她的幼年时光里，她小小的手指上沾满了盘子里的酱料，小手拍打着玉米饼，小拳头挥舞着巧克力壶，她用木勺搅拌着沙沙作响的什锦菜，和侍女一起蹲在厨房的地砖上，一边无止境地剥着玉米，一边用纳瓦特尔语吵闹着闲聊。胡安娜就这样在食物和厨房礼仪中获得了一种身份。这种庄园里的食物是真正的墨西哥菜，不是那些宣称自己具有独立身份的西班牙美食，而是由非洲奴隶土著的食物以及欧洲菜混合而成的。这些菜系中的成分被结合在一起，形成一种新的烹饪风格。文艺复兴后期的西班牙食谱就是将本土的食材以及新引入的欧洲食材加入到了传统的墨西哥菜肴中。来自新大陆的辣椒、巧克力、香草、番茄、扁豆、南瓜和玉米与欧洲的大米、小麦、水果、坚果、橄榄、葡萄和牲畜相遇了，又加入了来自香料贸易带来的新鲜的嗅觉和味觉的体验。

胡安娜的这幅肖像画中展现了一个女人在生命的黄金时期散发出的明媚而无所畏惧的气息。华丽的衣着上如波浪般的褶皱里显露着她的活泼、美丽、魅力与

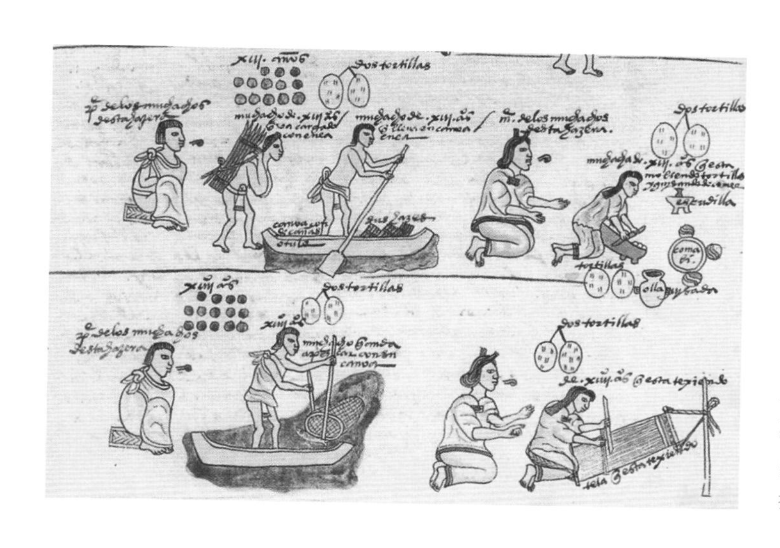

玉米饼在16世纪中期阿兹特克的《门多萨手抄本》中占据了重要的位置。

优雅，她在她那拥有4000多本藏书的图书馆里显得怡然自得。她右手拿着笔，左手上孤零零地垂挂着一串念珠。在她的个人作品中，可以隐约看到她迷人性格的其他方面。胡安娜·伊内斯·德·拉·科鲁斯好学、活泼、聪明、善变，也虚荣、自我陶醉、忧郁、狂躁，但在她所有这些缺点和优点中最为突出的，是她的好口才和敏锐的洞察力，以及一手好厨艺。

修道院的生活从某种程度上也映射了17世纪下半叶墨西哥世俗生活中的放纵。胡安娜有一座舒适的公寓，里面有一个陈放书籍和她收集的乐器以及科学仪器的房间。当然，还有一个厨房，有仆人，其中有一个名叫伊莎贝尔的黑白混血的小女仆，这是母亲送给她的礼物，她也是胡安娜与家之间的纽带。

有一次，胡安娜被一个凶狠的上级勒令禁止学习。于是她来到厨房，开始了那些被禁止的自然界研究。她用鸡蛋好好地做了回实验：蛋黄和蛋清对于黄油、植物油或糖浆这几种不同介质有着不同的反应。胡安娜用轻松的语气为我们描述了她的工作："如果不是厨房里的哲学家，女人又是什么?"在《答案》一书中，胡安娜为女性的工作进行了辩护，认为厨房是探索自然界的好地方："如果亚里士多德多下几次厨房，他会写得更多"，甚至她认为女性可能会成为更好的哲学家。

米格尔·卡布雷拉的《胡安娜·伊内斯·德·拉·科鲁斯》，1751年，布面油画。

新西班牙的西班牙画派作品《混血夫妇与男孩》，1777年，布面油画。

方济会的朴素

亚维拉的圣德兰[1]也在她的修道院厨房中找到了慰藉：Mirad que entre los pucheros y las ollas anda Dios（奇迹般的生活和幸福）。她在那些锅碗瓢盆中找到了上帝，在那些切菜、搅拌、研磨和筛分的声音和韵律中，她的心灵和思想去到了遥远而广阔的地方。

巴托洛梅·牟利罗在1646年为塞维利亚巨大而繁忙的方济会修道院的厨房创作了一幅油画，负责厨房的僧侣弗朗西斯科·佩雷斯需要寻求天使的帮助来完成因他的虔诚而忽略了的工作。他的厨房在夜里被毁坏了，他回天无力，于是回到他的修行室里祈求帮助。从左往右浏览这幅画，可以看到修道院院长和一位重要的客人正因看到他们的厨师悬浮于空中而感到惊讶。一群优雅的天使在丰满的丘比特的带领下，正在搅拌用前景中的蔬菜制成的蔬菜汤或西班牙冷汤。在背景中，弗朗西斯科兄弟惊讶地坐在火堆旁，看着他们做着本该他做的工作。如果胡安·阿尔塔米拉，教会中的另一名厨师，在一个世纪后的塞维利亚看到这幅画，可能会笑出声来。天使从未出现在他待过的地方，他黎明破晓时起床，在清晨的寒风中点燃火炉，架上装满水的锅，去做祷告，之后再回来为一天的食物做准备。他在1758年撰写的《新烹饪艺术》，是一本利用简单食材，结合了古老传统和创意烹饪的食谱手册，里面都是类似于牟利罗的天使们制作的那种食物。这幅画中充满了一种典型方济会烹饪里带有的神圣和朴素：前景中的蔬菜，南瓜、番茄和茄子，会被放入背景里火炉上的热锅中，再加入前景中柳条筐上的两个小天使挑选的调味料和胡萝卜。另一个天使正在用一个小金钵研磨香料，她身后的桌子上放着用来增添口感的大蒜和洋葱。肉食并未被禁止（除了斋戒日和禁欲日），所以桌上的鸡肉和羊腿肉会加入到肉汤中，而不是单独作为一道奢侈的菜肴。

国王查理五世的厨房与尤斯特的修道院厨房形成了鲜明的对比。从主宰世界的任务中退休后，他的皇室厨房里的炭火昼夜不停地烧着，烤肉翻滚、汽锅沸

1　16世纪的西班牙天主教修女，反宗教改革作家，在死后40年，于1622年被封为圣人。

巴托洛梅·艾斯特班·牟利罗，《天使的厨房》，1645—1646年，布面油画。

腾，以满足这位患有痛风的皇帝无尽的食欲。“巴利亚多利德向他献上了鳗鱼馅饼，萨拉戈萨献上了小牛肉，雷阿尔城的奶酪、伽马的鹧鸪、德尼亚的香肠、加的斯的凤尾鱼、塞维利亚的生蚝、里斯本的鳎目鱼、埃斯特雷马杜拉的橄榄、托莱多的杏仁软糖，以及瓜达卢佩的厨师们献上的各种富有想象力的食谱。”

狩猎野餐

17世纪意大利社会中的女性力量展现在了卡罗·卡内的一幅描绘狩猎野餐的油画中，画中有15名男子和男孩、一个成年女性、两个小女孩以及四只狗。其中，主导人物是家中一位令人敬畏的女性，端着一份巨大的混合沙拉，像是英国大厨罗伯特·梅的“大沙拉”中的一种，有时也被称为olla podrida，这是用来形容分量十足的菜肴的含糊讲法。而画中这道复杂的冷盘，可能与利古里亚的capon margo有些许联系，它是将各种食材摆放在一层放干的或烤过的面包上，并浸在油和盐水中的一道菜。如果这位女士是亲手制作的沙拉，那么这幅画也许是在默默地向社会中的女性力量致敬。尽管聚会中的男性身上都带着具有狩猎象征的工具和物件，还包括了两只死兔子，但他们看起来似乎有些怯懦。画中那些提前准备好的食物正被一群妇女从远处背景中的家庭厨房里端出。白煮蛋在这里被用来装饰菜根、生菜、大葱，为沙拉增添活力，还可以看到一些下面一层的面包、腌金枪鱼籽、凤尾鱼、腌金枪鱼和鲜活的小龙虾。另一道菜是一个馅饼，被切开了，露出了里面的肉馅，也许是在之前的狩猎中得到的战利品。我们只能根据画面来猜测这些。

猎人的嘲笑

这些伊兹尼克陶瓷盘上欢快的动物，是17世纪在安纳托利亚绘制的，看起来趣味盎然令人赏心悦目，仿佛正在嘲笑猎人和他的诡计。它们在干净的绿色背景上跳跃，上面既没有玩物也没有其他元素。这只斑点狗似乎并未惹怒到那只带着挑衅微笑的野兔，也没有谁害怕那头邋遢的老狮子。

伊兹尼克陶器是以安纳托利亚西部的一个小镇命名的，这种风格独特的陶器制作于16世纪到17世纪早期。在白底上绘制钴蓝色和海蓝宝色的旋涡状植物，加上一点紫色和封蜡红，是奥斯曼的伊斯坦布尔的清真寺和宫殿里的经典装饰图案，有着精心设计的几何图案以及壮丽的书法。这些设计也被应用于餐具、盘子、烧瓶和灯具，在那里，艺术家无须受制于建筑师和客户的要求。有记录显示，1489年拓普卡皮宫殿购买了97只伊兹尼克器皿，但没有迹象表明它们是奢侈品还是日用品。我们很难了解到这些迷人而有趣的伊兹尼克器皿的实际用途。一只同样是蓝绿底的花瓶上描绘了一只相当忧郁的猎犬、一只雄鹿、一只孔雀还有一只狂躁的兔子。这种欢乐是对某种被禁止的主题的刻意反抗。在伊斯兰宗教艺

亚历杭德罗·德·洛瓦尔特，《家禽供应商》，1626年，布面油画。

术中，动物和人类的形象是被禁止的，这些被看作是神和伪神崇拜的诱因，但这在通俗艺术中还是可以接受的。这些故作愚笨的生物被轻松地描绘在家用的碗、碟和容器上，不像几个世纪前安纳托利亚中的长角牛，看起来无害又无伤大雅。约翰·卡斯韦尔将它们描述为“米老鼠”生物，并评论说：“无论它原本有着怎样严肃的象征性，在这里都显示出了伊兹尼克人的幽默感。”这些动物可能是苏丹动物园的居民，或者，它们可能生活在能与猎人友善地追跑打闹，有着鲜艳绿色草地的人间天堂之中。

卡罗·卡内（1618—1688年），《狩猎野餐》的局部，17世纪。

烹饪狩猎战利品

美食从未远离追逐的刺激。吉安·加莱亚佐·维斯孔蒂的孙女比安卡·玛丽亚继承了他对狩猎和骑马的热爱，并有幸在她职业生涯的早期就成为当时最著名的厨师之一。从她的肖像画中就可以看出她强健的体魄和强烈的人格，不难想象她在马蒂诺·德·罗希精湛的厨艺影响下对肉食的热衷。

这位才华横溢的年轻主厨从位于瑞士阿尔卑斯山提契诺省的一个不起眼的小镇布莱尼奥，来到比安卡·玛丽亚的丈夫弗朗切斯科·斯福尔扎的宫廷工作。比安卡在6岁时已与弗朗切斯科订婚，并于1441年，她17岁时在克雷莫纳与弗朗切

描绘了狮子、狗和野兔的伊兹尼克瓷盘的局部，16世纪80年代。

斯科举行了隆重的婚礼，成为他政治生涯中一个强大的伙伴。1450年，他们一起接管了他生父的城市，米兰。这对无畏的夫妇骑着马，而不是乘着凯旋马车来到镇上，作为自由的代理人进入他们合法继承的土地。他们渴望继续公爵的光荣，最终以明智的政权给民众留下了深刻的印象。

这时的马蒂诺的厨艺必然已经给弗朗切斯科在贡扎加的盟友、曼图亚的统治者留下了深刻印象。也许是基于这种联系，马蒂诺认识了巴尔托洛梅奥·萨基，后者由于出生于皮亚代纳，被人们称为“普拉提纳”。他曾被弗朗切斯科募为雇佣兵，后来成为贡扎加孩子的导师。这种友谊使得史上第一本印刷的畅销烹饪书诞生了。日后导致马蒂诺被阿奎莱亚宗主教、美食家以及武装圣职者卢多维科·特雷维桑招揽的事件并没记载。米兰的损失正是罗马之福，而这对因厨艺闻名于世的朋友，之后将会在非常不同的境遇下重逢。回到伦巴第，一定会有些场合需要马蒂诺来烹制来自比安卡和弗朗切斯科夫妇的猎物，方法类似他的“猪油

野味羹”（*brodo lardierode salvaticina*）：先用白葡萄酒混合水将切好的野味洗净，用同样的酒水烹调、过滤、浸泡，再加入培根块以及大量的碎鼠尾草叶，在快要完成时，用香料调味，裹上蛋清、干面包屑以及一些调味酱料的混合物。这种清淡调味的野味烹饪方法相当新颖且具有革命性，就像当时的创新艺术和音乐一样，盛行着一种平和与清新的气息。

人文主义者巴尔托洛梅奥·普拉提纳（左侧跪着的人）委托美洛佐·达·弗利在15世纪70年代绘制的壁画的局部。

马蒂诺，在他罗马的漫长职业生涯中，可能曾在罗马帕廖内地区的鲜花广场附近寻找过食材，那里离梵蒂冈各种餐厅的厨房，以及他的主顾居住的华丽宫殿都不远。那里前不久还是一片鲜花盛开的草地，有菜地和放牧牛羊的草场，如今已经变成了市中心。马蒂诺的主顾卢多维科·特雷维桑在那里铺了路，并建造了宫殿、商铺、工坊，让匠人将那里装饰了起来，直到几十年前它的样子都未曾改变。今天，曾经繁荣的市场（1869年才建立）充斥着来自世界各地供应商的旅游纪念品和没精打采的蔬菜，被附庸风雅的古董店和昂贵的公寓包裹着。最近的人口变化破坏了由小店主和工匠构成的繁忙的无产阶级和贵族阶级之间的平衡，贵族们需要的是豪华的宫殿以及符合他们需求的市场，这显然与无产阶级需要的不同。要感谢历史学家布鲁诺·劳里乌斯的不懈努力，我们现在仍然可以依照马蒂诺的食谱去隔壁街区的市集买菜，在朝圣路上的斯加普奇店铺获取到糖和香料，在帕拉罗拉广场的阳光酒店停下，喝一瓶城堡葡萄酒，在大斋节斋戒前的周五，选择一间至今仍然常见的熟食店，为教皇皮乌斯二世的盛宴预定下奶酪和黄油。这些商店一定与上一代的《健康全书》中插画里的那些类似。我们能在插图中看到屠夫贩卖不同部位的猪肉，还有陈列着各种精选腌猪肉产品的熟食店，其中包括上文提到的马蒂诺的猪油。奶酪商人在架子上堆放了一些硬奶酪，我们还在另一家商铺里看到了一系列的新鲜奶酪，像是那些在蛋挞和馅饼里需要的波罗伏洛干酪，还有著名的以大块或磨碎后用于烹饪的帕尔马干酪。

教皇的厨房里需要强壮的男人来操作那些沉甸甸的锅和烤叉，但是后来厨房中强大的女性形象表明，家庭中同样需要女性卓越的工作技能。

厨房女神

贵族厨房大多由男性掌管，正如我们之前讲过的斯卡皮和他的同事们。但是一些绘画作品也为我们展示了强壮而富有魄力的女性是如何主导16世纪晚期低地国家的家庭厨房的。年长的男人坐在火炉边烤火，或是作为不起眼的商人带着货物出现在画面中，害羞的年轻小伙子被挥舞着挑衅的烤叉和杆子的高大妇人所指挥，厨房已经成了女人的王国，她们拥有权力和经验。彼得·埃特森、约阿希姆·布克莱尔等人的作品中令人敬畏的女性形象娴熟而从容地使用着工具，她们

LIBRO DE ARTE CO
QVINARIA EDITO
PER LO EGREGIO
E PERITISSIMO
MAESTRO MARTI
NO COQVO DEL R.MO
S. CARDINALE DE
AQVILEIA

马蒂诺·罗希的《烹饪的艺术》一书的展示本标题细节（约1465年）。

食品店，来自14世纪晚期伦巴第的手抄本《切瑞蒂家族的四季》，《健康全书》的另一个版本。

“科林大师”笔下的伊索尼市场的食品商店，出自一幅15世纪晚期伊索尼城堡壁画，瓦莱达奥斯塔，意大利。

的姿态看上去就像古典石头壁炉所暗示的祭坛前的女神一样。与洪堡描绘的滑稽形象截然不同，她们也不像中世纪家庭主妇那样谄媚：这些女人在她们的王国中是至高无上的。埃特森画中的厨师拿着一支笨重的铁质烤叉，正在串着一只羊腿和一些家禽。这幅画中她是唯一的人物，但在其他一些风俗画中我们可以看到一个繁复的厨房里的所有细节，以及众人中发号施令的女性正在主持着工作。

这些画家的客户是那些商人和贵族家庭，他们热衷于用艺术展现他们奢华的生活和丰富的财产，他们骄傲地向人们炫耀着他们的财富，并希望通过作品中内在的道德规范为其辩护。潜伏在静物画和风俗画中的性、道德和政治符号带给了今天的历史学家以及当时的客户无伤大雅的快乐，不过他们对于这些符号的理解也许要简单得多。在我们小心翼翼地解谜这些“隐藏”含义的时候，这些作品的所有者们可能立刻就能抓住这些事物的实际意义，他们的占有欲得到了平息，他们的贪婪成了合理，而他们想要变得无比富有的罪恶也在圣经的宽恕之光中被人淡忘。在布克莱尔的《四种元素：火》中就描绘了那些威风的女厨师，“基督在马大与玛利亚家”的故事沦为了背景中难以辨认的人物轮廓。这位严肃的妇女正在将鸡肉串在烤叉上，这项任务需要相当难度的技巧，鸡的身体必须要固定在烤叉上才能在烹饪过程中保持稳固，有时需要翻转，有时要保持静止，它都不能掉下来。我们注意到这些禽类的头部、胗和肝是如何隐藏在翅膀下的，人们用了某种办法让它们在烤叉上保持平衡以便一边烤一边涂油。

彼得·埃特森，《厨师》，1559年，木板油画。

对于食物历史学家来说，那些肉类、禽类、水果和蔬菜，锅碗瓢盆，烧杯，那些厨房用具和烹饪食材的小细节，甚至是那些物品中含有的寓意，都是丰富的信息来源和趣味享受。（一只死鸟可能暗示着非法性行为，一只盘子中交叉的两条鲱鱼是耶稣的象征，一个捧着卷心菜的丰满女孩意味着生殖崇拜，而一个鱼贩用一根手指穿过一条鲑鱼片的晦涩动作向我们透露出粗鄙的菜市场幽默。）

主妇与女工

荷兰烹饪书《聪明的厨师》中有一幅画面潦草但信息丰富的标题页（见第268页），展现了在当时最先进的厨房里一位厨师正忙着做一个大馅饼。我们看到一个不知内馅的馅饼壳或底，上面已经插上了孔雀的头和尾，等待着另一位厨师将准备好的馅儿和华丽的馅饼盖装上。除了精致的发条烤叉之外，还能看到先进的瓦管排水炉灶或是有慢煮锅的锅炉，它的右边是一个自带引擎罩的烤箱，相当于家用版的面包房烤箱。低地国家的陶瓷炉灶和锅炉是一种创新，而这些不起眼的印刷品向我们透露出，当时可能已经能在家用厨房里利用家用烤箱和独立的小型面包烤箱来制作这种精致的馅饼、蛋挞和奶油蛋卷了。

在一位不知名的阿姆斯特丹画派作者的厨房场景中（见第267页），他将厨房里丰富而生动的内容都定格在这张静物画里：一个装着当地蔬菜的篮子、一只鹅、一只鸭、一只鸡、一块肉、香肠、野味、一盘开口的生蚝，但看不见烹饪的场景，这些都是静止的。一位厨师正在用一条上好的猪后背肥肉或烟熏培根肥肉给野兔涂油，这项任务和制作蕾丝一样精细而复杂，它们常被画家描绘成类似的技能。经过调味的硬脂块放在厨房的桌子上，先切成薄片，再切成细条。用涂油针推滚这些兽类或禽类的肉是件困难的事，虽然这些肉会在沸水或肉汤中煮过几分钟后变硬，但要处理这些有着复杂纹理的肉，并让它们在烤过炖过之后仍要在盘子上看起来秀色可餐，本身就是一门艺术。为了让食客的味蕾和视觉上的感受一样美好，厨师在火炉前慢慢转动烤肉，瘦肉烤熟，肥肉融化，使肉质变得柔嫩而饱含滋味，脂肪一滴一滴落入油盘中。

彪悍的泼妇还是能干的女当家人？

贝纳迪诺·坎皮描绘的这位厨师既不是女神也不是女工，她是意大利北部的艾米利亚－罗马涅一带的偶像人物，坐拥权力的女当家人。她不仅掌管、操控

约阿希姆·布克莱尔，《四种元素：火》，1570年，布面油画。

厨房，还要负责谷仓、菜园、亚麻窖和许多田地的工作，直到后来才被佃农接管。她头顶的柜子上有一大块帕尔马干酪，像一块古代绅士雕像的碎片，这是当地许多菜肴中的重要食材。我们看到它在文森佐·坎皮的《厨房》里的运用，多少有些受到低地国家风俗画的影响，但更少地运用了象征主义。画中充斥着一个忙碌厨房里欢乐的喧嚣和嘈杂声，几个体态丰满的女人正在制作意大利面，有的在将一大块帕尔马干酪捣碎，有的给家禽去毛，还有一个正在用研钵捣磨香料，背景中的几个男人和男孩做着粗活。这幅细节丰富的油画与斯卡皮描绘的静态的厨房版画形成了鲜明对比，而在这些描述日常生活的油画中看到这些食材的使用，比思考它们可能的象征意义更具启发性。

约阿希姆·布克莱尔描绘的一个低地国家的厨房；时间不详，板面油画。

迭戈·委拉斯开兹，《老妇人煎鸡蛋》，约1618年，布面油画。

一位在厨房里腌肉的厨师，一幅荷兰画派的作品的局部，约1600年。

正如乔安娜·玛丽亚·范·温特所指出的，女性最终将男性从他们的传统厨师职位上赶走，并在厨房担当起主角的时候，算得上是一种社会的进步。荷兰艺术中顺从温和的女人在持家上和她们的丈夫在经营企业时一样精明能干。一些历史学家在解析这些版画和油画时认为，在一个道德界限不断变化的社会中，人们很难界定自己的角色和影响范围。所以当倒霉的洗衣人约翰被剥夺了马裤并裹着他脾气暴躁的妻子格蕾特的围裙时，他的身份转换了，当起家庭主夫，以备受羞辱的方式被迫扮演起女性在厨房里的角色，而这个角色最近才被男性摒弃。丈夫对妻子工作范畴的干涉可能是冲突和矛盾的根源，而怕老婆的约翰可能更像是个警告，而不是一个受害者。但可怜的约翰从此被一种比做家务更糟糕的命运所困扰——他被一大堆社会学和人类学的分析所拖累。这类印刷品有点像连环画，制作成本低廉，价格便宜，受到社

DE

VERSTANDIGE KOCK,

Of Sorghvuldige Huys-houdſter:

BESCHRYVENDE,

Hoe men op de beste en bequaemste manier alderhande Spijsen sal koken / stoven / braden / backen en bereyden; met de Saussen daer toe dienende: Seer dienstigh en profijtelijck in alle Huys-houdingen.

Oock om veelderleye ſlagh van TAERTEN en PASTEYEN toe te ſtellen.

Vermeerdert met de

HOLLANDTSE SLACHT-TYDT.

Hier is noch achter by gevoeght / de

VERSTANDIGE CONFITUURMAKER,

Onderwijsende / hoe men van veelderhande Vruchten / Wortelen / Bloemen en Bladen / &c. goede en nutte Confituren sal konnen toemaken en bewaren.

t'Amſterdam, voor Marcus Doornick, Boeckverkooper op den Vygendam / in 't Kantoor Inct-vat. Met Privilegie.

Y

De KAN – Amsterdam – mei 1993

《聪明的厨师》的标题页，1670年。

会各阶层的广泛喜爱。从16世纪到19世纪，印刷商和出版商将各种木刻版画和花式标题组合起来，以迎合当时读者的口味。幸运的是，我们可以从这些印刷品中获取到当时家庭生活的细节，而不必纠结于它们背后紧张的社会关系。厨房里有壁炉和最基本的生活必需品，约翰在拖把和刷子、洗碗和换尿布之间挣扎，这些都是粗糙而真实的生活片段。不过这个将女性描绘成彪悍泼妇的不友善的小插曲也提醒了我们女性在厨房中的重要地位。

贝纳迪诺·坎皮，《厨师》，16世纪晚期，布面油画。

一个神秘的肉铺

在以肉为主食的过去，屠夫是城市生活中一个重要的群体。他们聚集在自己的区域，在那里，他们职业中不太有吸引力的那一面的脏乱和恶臭可以得到有效的处理。他们必备的专业知识除了屠宰动物，还有如何高效地切割以及加工肉制品，他们需要腌制肉块和香肠，有时还需要烹制像黑布丁、烤肝片、腌肉、半熟的猪肘和猪脚、肉冻以及各种馅饼。

关于埃特森的《肉铺》有四个已知的版本，它可能是肉铺，也可能是农舍的食品储藏室，所有这些版本都充满了难以解释的神秘细节，让人很难判断这是一场丰盛肉食的庆典，还是在警告人们不要暴饮暴食，生活在过度浪费之中。他的同时代人有充分的条件来讨论和欣赏这幅画意在引发的"非此即彼"的争论，就像埃特森的所有作品一样，画面中充斥着他对丰裕的颂扬和对铺张浪费的谴责，这种态度上的模棱

文森佐·坎皮，《厨房》的局部，16世纪80年代，布面油画。

两可令人费解。背景中各种不同的小场景为我们提供了线索。在右边，一群放荡不羁的人围坐在一张桌子旁，可能是群败家子，正在挥霍自己的积蓄。贴在棚屋（或摊位）墙上的告示暗示着，这间小屋或附近的土地正在出售，表明了破产的事实。在远处的中心位置有一群神秘的人，他们可能代表着“逃往埃及”[1]中的一幕，圣母坐在驴子上，手里抱着襁褓中的婴儿基督，正在给一个小孩子施舍面包。透过左边的窗户，可以看到一座城市的远景，在画面的左上角，是安特卫普城的纹章——两只断手，可能与画面下方卷心菜叶子上的猪蹄相呼应。我们可能会对为什么新鲜和腌制的鲱鱼和熏香肠会以交叉的形式出现感到好奇——这是出于偶然还是精心设计

1 圣经故事中的重要情节，讲述在耶稣出生后，为了躲避希律王的杀戮，全家人在拂晓前从巴勒斯坦逃往埃及的情景。

的？左边靠窗的架子上挂着椒盐卷饼，象征着善与恶的选择，架子上的壶是竖着的，壶盖是关着的，与随意侧卧的壶形成对比，象征着道德的沦丧或一个女人的失贞。这些都在后来的绘画中反复出现。

阿德里安·范·奥斯特德1648年的画作《厨房里的父亲》，一个男人正在给孩子喂食。

夏洛特·霍顿在2004年发表了一篇关于埃特森的《肉铺》的文章，论述优美而令人信服。她强调，对于那些从未见过这幅画的人来说，它所带来的现代感的冲击是巨大的——虽然肉铺的摊位和它血淋淋的器皿为人所熟悉并被接受，但将它们放在画框中，挂在墙上，是一种创新。对于埃特森这样创作的原因，我们缺乏现代的解释，但是霍顿发现了很多在1551年的安特卫普发生的事情，那一年也是这幅画诞生的年份。她揭露了一个充斥着肮脏的房地产开发商、腐败的镇议员、有政治动机的官员以及说教人文主义者的世界，并指出埃特森是如何在他的画作中影射这些人的。“出售”的标志指的是腐败且具有极大权力的伦敦金融城老板吉尔伯特·范·斯库贝克购买154块地皮的行为。他通过敲诈慈善宗教基金会获得了这些土地，这是他伦敦金融城开发计划的一部分，是一个不正当交易的真实例子。在屠夫窝棚的支架上画上工会成员的字母或符号，但没人能成功破译。霍顿推测，这个人可能是埃特森及其客户认识的人，但现在仍是个隐形人。那些重要而又遥不可及的证据也不能忽视。城里的屠夫用固定价格垄断贸易，完全控制了市场。他们有着会员限制的行业协会，在市中心拥有一座雄伟的建筑，这代表着当地小商户过时的中世纪商业体系已经被跨国商户和不受监管的资本主义所取代，而安特卫普正是这种新体系的中心。甚至连从前用于放牧的土地都被淹没了，它对发展已然毫无用处，不过协会以外的自由屠夫也会对他们的垄断地位造成威

彼得·埃特森，《一间肉铺和“逃往埃及”》，1551年，板面油画。

胁。也许对埃特森的赞助者来说，这标志着改变，而画中的肉摊和其他所有的参考文献也都暗示了这一点。眼前的这些肉给我们带来了简单的快乐，也让我们发现了书籍和其他当代资料中无法找到的信息。这些肉中包括了四种香肠、在一根杆子上缠绕了好几圈的白布丁，上面还挂着一只猪头和各种内脏。前景中的敞面馅饼可能是无处不在的奶酪和奶油馅饼，也可能是与血布丁的混合物。画中各种肉的切面显示出有趣的瘦肉与脂肪间的比例，以及许多其他细节。

本书第273页中，安尼巴莱·卡拉奇对肉铺的描绘就不那么别致了，他着重描绘了肉铺里令人毛骨悚然的辛苦劳动。也许最后的一幅描绘关于宰杀动物供人食用的画作来自戈雅，那血淋淋的尸体和刚被屠宰的羊头，让我们想起了他的蚀刻

安尼巴莱·卡拉奇，《屠夫的商店》，1580—1590年，布面油画。

画，画中描绘了半岛战争给西班牙带来的破坏，被杀害的无辜平民像肉一样堆积在石板上。

鱼类画作的黄金时期

到了16、17世纪，意大利和低地国家的鱼类以非凡的写实性被描绘在了静物画和风景画中，画中常常表现人们捕捉到鱼时的喜悦以及鱼的新鲜度。即使是在寒冷的北方冬季，也能看到新鲜捕捞到的鱼，在瓦尔肯伯奇和弗莱格尔的这幅画中可以看到鳕鱼和鲑鱼、淡水鱼被装在桶里，干鱼和咸鱼则挂在一个角落里。布克莱尔的这幅暖色调油画（见第276

弗朗西斯科·德·戈雅，《屠夫的肉摊》，1808—1812年，帆布油画。

页）中展现了一个鱼市的热闹场面，也让人看到他描绘新鲜鱼的精湛技艺。当时的鱼类食谱简单而精妙，通常是用最少的调味料烹饪鱼并配上精致的酱汁。1667年的烹饪书籍《聪明的厨师》中的鳗鱼食谱适用于任何肉质坚韧的白鱼，如安康鱼或比目鱼，做法是先将去皮去骨的鱼肉与洋葱片、生姜片、切片黄油和盐放入少许水中慢炖，然后浇上用烹饪时的汤汁过滤成的酱汁，必要时可以减少用量，最后加入一把剁碎的欧芹和拉维纪草。这让人想起伦敦的鳗鱼和馅饼店里的“鳗鱼和酒”。

荷兰菜在19世纪经历了几个世代的经济和政治滑坡后也随之没落，随后又遭遇了两次世界大战的磨难，直到最近才恢复到烹饪的黄金时代。

卢卡斯·范·瓦尔肯伯奇和格奥尔格·弗莱格尔的《冬天》中的鱼贩，1595年，油画。

神奇的炖菜

然而，在欧洲一部分地区，充满富足奢华事物的世界只存在于幻想中，这些地区的人民饱受着饥荒、侵略、内乱以及宗教冲突和自然灾害的蹂躏。荷兰迷人的“炖锅”传说就是从这个时期开始的。当入侵的西班牙军队包围莱顿城时，居民们一致决定利用洪水击退他们，于是他们摧毁了用以抵御海水侵蚀的坚固堤坝。农作物和肥沃的土地被淹没了，人们的生活也被摧毁了，但这些遭人痛恨的西班牙人最终只被流放。第一个冒险进入他们废弃的营地的是两个饥肠辘辘的小男孩，他们在篝火的余烬中发现了一个巨大的铜锅，里面装满了芳香四溢的炖牛肉。这道炖牛肉现在成为受人喜爱的国菜。天主教的西班牙炖肉变成了新教派的胡萝卜牛肉锅，这之间并无多少联系，但这道不起眼的菜肴中蕴含的反抗精

约阿希姆·布克莱尔,《四种元素:水》,1569年，布面油画。

神和公民自豪感仍被今天的人们所歌颂，而它通常不过是将洋葱、土豆和胡萝卜搅在一起，再加上炖牛肉或熏香肠罢了。这只传说中的锅奇迹般完好无损地保留了下来，仿佛一位圣人的骨头，被收藏在今天莱顿的布料厅市立博物馆中。

赞颂鲱鱼

鲱鱼成为低地国家的国家象征，它隐含的寓意保佑着受到威胁的荷兰共和国不再遭受政敌的入侵以及大风、洪水和暴风雨等自然灾害的威胁。啤酒、面包和鲱鱼——是那些带来了经济财富，捍卫了公民自由的英雄们的主要食物——这

一口16世纪70年代低地国家用于制作“炖菜”的锅。

些食物在静物画中备受欢迎。约瑟夫·德·布雷甚至绘制了一幅由鲱鱼主导的虚拟墓碑画作。他用鲱鱼、洋葱和月桂树叶做成花环，挂在一块雕刻着粗俗诗句的墓碑上，一旁还摆放着面包、啤酒和黄油等食物：

> 咸鲱鱼既干净又肥美，
> 又粗又长，去掉头，
> 沿着脊椎小心切，
> 剥皮，烧制，生食或油煎
> （别忘了放洋葱），
> 被一个饿鬼吃光了。
> 太阳落山了，
> 深夜里好悲伤，

约瑟夫·德·布雷，《颂盐渍鲱鱼静物画》，1656年，板面油画。

就着黑麦面包。

这是伟大的良药，没有糖浆，

值得永远称颂。

接下来畅快痛饮再合适不过了，

上好的布雷达或哈莱姆啤酒，
或代尔夫特的，哪个更近就喝哪个，
这将使你的喉咙
再次感到舒适而顺滑，
这样你就可以更好地畅饮。
如果你感觉糟糕，
将嘴张成圆形，
这能使你感到愉悦而清新，
治好从头部通过黏膜
一直到齿尖和胸部；
它还有别的功效，请允许我说，
它能帮助你及时排泄以及更好地排尿；
它像体内的风一样，
需要食物和饮料。
不然他会怎样？
他很健康，他很聪明，
他喜欢吃咸鲱鱼，
而非那些奇怪而奢侈的食物。

鱼汤

即使在最宁静的荷兰油画中，也总能看到北海寒冷潮湿的影子。但在意大利南部的捕鱼场景中，看到的是闪闪发光的红鲻鱼和魴鱼、扭动着的七鳃鳗鱼，还有托斯卡纳美第奇家族所拥有的描绘着托斯卡纳和利古里亚海岸的鲷鱼和鲈鱼的画作，它们在温暖的环境中欢快地跳跃着。朱塞佩·雷科和卢卡·焦尔达诺描绘的一位渔夫和他的战利品，似乎充满了那不勒斯的调调。罗波洛在一幅画作中赞

朱塞佩·雷科，《渔人与渔获》，1668年，布面油画。

朱塞佩·雷科，《鱼》，1691年，布面油画。

朱塞佩·雷科和卢卡·焦尔达诺，《海神尼普顿、特里同和两个涅瑞伊得斯的财富》，1684年，布面油画。

保罗·委罗内塞的《迦拿的婚宴》，倒酒的细节，1562—1563年，布面油画。

美的似乎是里窝那的红烩海鲜汤。将那些捕捞中较小的鱼，还有一天结束时卖不出去的零碎鱼，用红酒、大量蒜和胡椒快速煮熟，然后搭配放干的面包或吐司端给食客。如今，这道菜已成为一种国际美食，但与托斯卡纳的原始版本已经大有不同，制作起来也更加复杂。

第八章 文艺复兴的尾声：近代饮食文化的开端

委罗内塞的威尼斯现代餐饮

保罗·委罗内塞的这组巨型宴会画作，是以圣经故事为背景绘制的。为塑造出当时贵族宴会的喧闹与嘈杂，运用了幻想中宏伟的古典庭院和楼梯，厨房并不在视野中，宾客和侍者在呼喊着点菜，还能看到动物和赤脚的侏儒。乐者们唱着不和谐的加布里埃利协奏曲，对着一排风度翩翩的雕像闷闷不乐，穿着条纹丝绸服饰的总管家或活动司仪监视着宴会的一举一动。乐者们对抗着背景的嘈杂，像前景中的“迦拿的婚宴”所暗指的那样。他们不是雇来的杂役，而是威尼斯艺术界的精华，画中还包括了委罗内塞自己，他穿着白色和金色相间的丝绸衣服，还有抱着大提琴，穿着红色长袍的同行丁托列托，以及拉着中提琴的提香，吹着长笛或小喇叭的巴萨诺。另外几个人物可能是帕拉迪奥[1]和苏莱曼一世。

人们试图在减少和控制宴席上的炫富行为。1562年，威尼斯参议会通过了一项全面禁止在女性服装、房间装饰和宴席费用上的奢靡之风的法律：“在婚宴上，公共和私人的聚会上，事实上是任何的肉食宴席上，肉类不能多于一道烤肉加一道煮肉……禁止所有宴席里出现无论来自哪里的鳟鱼、鲟鱼、湖中的鱼，还有馅饼、糖果，以及所有由糖制成的东西……”牡蛎只能在20人以下的私人宴席上供应，不能在更

---

1 Andrea Palladio（1508—1580），文艺复兴时期北意大利最杰出的建筑大师。

皮埃尔·保罗·塞万，《为瑞典女王克里斯蒂娜举行的威尼斯盛宴》，1667年，钢笔淡水彩。

大的宴席或聚会中供应；点心只能在宴会间的餐桌上食用，不能在别的地方，只能由常规的甜点构成，例如普通的面包房产品，或者当季的任何种类的简单水果。比起约束来说，这更像是过度干预。

委罗内塞创作的宴会场景描绘了斯卡皮精心设计的菜单和布置，以及帕拉迪奥设计的优雅的会场正面结构背后混乱的现实。那些尖叫、噪音、食物混杂着香水的气味，那些动态，以及时尚的服装上闪亮的颜色和材质与当代印刷品上严肃的黑白文字形成了强烈对比。这幅巨型作品并不是对于实际服务和餐饮的描写，事实上，它对食物的描绘少得可怜。在这幅《迦拿的婚宴》中，从桌上散落的糖果可以推测，在开始上葡萄酒时，甜品已经用完，一位年轻女士正在用香薰牙签剔除粘在牙齿间的残余物，这在斯卡皮的书中经常提到，会在最后一道菜之后呈给客人。而餐桌上的各种菜肴中可以看到新鲜水果、榅桲酱，还有蜜饯。在《利未家的盛宴》中，也有一个若有所思的男人正用一把精致的小叉子剔牙，这也许要追溯到13世纪，拜占庭公主嫁给了一位威尼斯贵族，并将东方奢侈逸乐的习惯带去了西方，腐化了基督教的简朴习性。除此之外，艺术家令人恼火的视角给人一种盘子与碟子堆积在一起的感觉，而却一点儿也看不出上面盛着什么。

委罗内塞的《迦拿的婚宴》局部，一个拿着牙签的女孩。

委罗内塞的《利未家的盛宴》局部，一个拿着叉子的男人，1573年，布面油画。

巴萨诺的魔幻现实主义

巴萨诺家族的画家们描绘了食物的细节和其呈现方式，这是我们在委罗内塞的大型宴会画作或是斯卡皮细致的食谱中所不曾看到的。经典故事《安东尼与克利奥帕特拉的盛宴》是斯卡皮的华丽菜单里一幅生动的插画，巴萨诺清晰地呈现了那些委罗内塞拒绝展现给我们的细节。在宴会高潮时，克利奥帕特拉扯下了一只极为贵重的珍珠耳环，将其溶解于醋中，在安东尼惊慌之际，她将醋一口喝下，这一举动可能使得这场婚宴成了历史上最令人印象深刻的晚宴。但这仅仅只是背景中的细节，让我们兴奋不已的，也必然让巴萨诺的客户满意的是前景中为盛大的宴席准备的食材以及上菜礼仪。我们已经在巴萨诺的许多作品中熟识了这位个性独特的厨师，他正坐在桌边做着什么。一个仆人伸手去餐具柜里拿盘

莱安德鲁·巴萨诺，《安东尼与克利奥帕特拉的盛宴》，约1610年，布面油画。

子，一个厨房帮佣认真地将一只鸡串上烤叉，一个丰满的女人在一旁看着他。穿着华丽的绸缎和锦缎相间服饰的侍者端着一盘禽类，等待在呈给客人前主厨的检查。衣着华丽的管家正在为餐桌上添加另一道菜，我们最终看到了斯卡皮菜单里的真实菜肴，以不可思议的数量重叠着上菜，就像现代的中国宴席一样，一道接一道地上菜。享用方式类似中国的用餐礼仪，客人们自行盛取一定范围内的食物，或将他们想要的食物互相传递。这次，我们得以看清盘子里的食物，而厨师旁边的矮桌上是最后一道菜，甜点和糖果，包括了一个装饰性的敞面馅饼，上面插着糖霜肉桂棒，以生日蜡烛的形象迷惑着我们。

同一位厨师再次出现在《基督在马大与玛利亚家》中，他掌管着一张摆好的餐桌，正指挥着一个在火炉前忙着做菜的女人。前景中展示着鱼和禽类、厨房里的锅碗瓢盆，还有正在用餐的家养宠物。这种室内场景与外部世界的超现实主义融合，加上不可思议的环境中令人信服的古典建筑的细节，都是巴萨诺家族典型的魔幻现实主义特征。画中的许多细节都意在对现实生活和精神世界进行说教，这种说教又在背景中的田园风光中得到了加强。另一方面，它也为客户展现了生活中的现实场景，并为整幅画增添了一抹意大利南部日落时的忧郁气氛。

《安东尼与克利奥帕特拉的盛宴》中前景里的一位厨师，以及背景中的餐桌。

优雅地在家用餐

在描绘家宴的画作中，我们通常可以通过宴席的细节对当时的盛况有

雅各布·巴萨诺，《基督在马大与玛利亚家》，1576—1567年，布面油画。

雅各布·巴萨诺，《以马忤斯的晚餐》中堕落的厨师，1576年，布面油画。

所了解。这里有一幅描绘了16世纪晚期的德国餐桌的画作，桌上散落着芬芳的花朵和各种烤肉、鹅和鸡，一只大野兔放在几道禽类、牡蛎和柠檬片的中间，这所有的菜只供给一小群人享用，并有6名侍者服侍。那些双齿的叉子是教养的象征。

卢卡斯·范·瓦尔肯伯奇和格奥尔格·弗莱格尔，《小型庆典》，约1590年，布面油画。

安东·科雷森斯，《一个家庭用餐前的祷告》，1585年，布面油画。

勒南兄弟，《一张桌子前的农民》，1640年，布面油画。

安东·科雷森斯所作的大约同一个时期的另一场家宴是更加简朴的一餐。十口之家正在享用一小份牛犊肉，可能还得加上右边的烤鸡之后才能填饱肚子。大约50年后，勒南兄弟为我们呈现了一个法国农民家庭的体面的一餐，但仍难掩他们的贫穷。

陶瓷的突破

曼图亚的德泰宫里的众神喜爱华丽的餐盘，朱利奥·罗马诺的主顾贡扎加也是，他曾委托朱利奥创作壁画。由于当时人们的口味变化，“新菜系”[1]激发出了新的烹饪和服务的方式。贵族们继续炫耀着他们昂贵的餐盘和餐具，眼光犀利的富人想效仿他们，但追求一种更独特的优雅，而陶瓷工艺上的新发展满足了他们的

1 常用以形容法国菜系发展中的几次变革，与古典高级料理相比，新菜系的特点是口感更轻盈、细腻，并且更加注重菜肴的呈现。

需求。

大约在16世纪50年代，一项技术上的突破使法恩莎陶器开发出一种锡釉，让器皿呈现出一种超凡的白色光泽，精致而纯净，是“新菜系”美食的完美陪衬。这些偏离主流品味的装饰品（在后来的19世纪英国和20世纪美国受到富有的收藏家的热情追捧），促使那些享有盛名的艺术家开始在它光滑洁白的表面上绘制从古典神话到古代历史的场景，这也为这种锡釉彩陶陶器赢得了“历史演义风格”[1]的名号：华丽的图案覆盖了整个白色表面，掩盖了这种陶器原本的纯净之美。这种异常华丽的物品在当时极负盛名且为人们所珍藏。至少，那些富有的文艺复兴时代的主顾在吃完盘中和碗中的食物之后，就可以开始谈论显露出的图案，诸如众神不端的行为或古代英雄的壮举。

一个锡釉彩陶盘，1577年。

装饰品和日常用品的比例很难界定，但是，尽管幸存下来的少之又少，似乎带有漂亮装饰和有趣花纹的白瓷日用品常常用来装盛食物，而且价格不高，是锡釉彩陶陶器的基础商品。由于漂亮的瓷器便宜又多产，它们可以大量投入使用，可以被摔碎、扔弃、更换。因此，一个典型的17世纪宴席中所需要的大量盘子和餐具可能来自一个方便更换的装满了装饰性日用品的储物柜。

“暴发户”基吉应该对于这种变革十分熟悉，因为那些在拉斐尔指导下，为他位于罗马城外的别墅绘制室内装饰的艺术家充分借鉴了当时刚刚发掘出的罗马壁画。这些画作被称为“穴怪图”[2]，因为是在地下的罗马遗迹中被发现，故此得

1 Istorio，用于意大利锡釉彩陶陶器外观上的一种装饰风格，通常用绘制的神话、历史或圣经主题场景覆盖在其整个表面。

2 Grottesche，欧洲15世纪末至19世纪前半叶的一种室内装饰风格。在欧洲语系的文学用词上，该词汇亦有奇异怪诞之意。

名。画中有轻盈优雅的叶子、生物和花卉图案。这种风格也被用来装饰时尚的锡釉彩陶陶器。那些轻盈、自由的笔法，与壁画上的类似，可以用于勾勒盘子和碟子边框的花纹。通常器皿上还有会一个快乐的丘比特图案或盾徽，也可能是配偶的肖像，这成为后来历史学家所称的锡釉彩陶陶器中的“简约”风格。许多存留至今的陶器上都可以看到釉面的划痕以及一些使用的痕迹。本书第291页的那只盘子上有一行字说明了它的用途“Per un pezzo di vitello”（用于盛小牛腿）。

被无视的存在

可能是某个不知名的女人点燃了路易斯·欧热尼奥·梅伦德斯对静物画创作的热情。他辉煌的事业在18世纪马德里激烈的艺术政治中枯萎并死亡。他反叛的老父亲与艺术学院发生争执，而他本人是学院的建立者之一。年轻的路易斯失去了与他所学相关的所有委任项目的机会——历史题材、神话场景、圣经故事以及伟人和先锋的肖像画。于是他离开了西班牙，在意大利工作和学习了一段时间，回来后，尽管努力工作也只能勉强维持生计。不久之前，历史学家还将他的静物画看作是一种屈辱的退而求其次的选择，是对他才华的浪费，也是一位失败艺术家的最后手段。但如今看来，这些静物画成就极高，那些完美构图和精湛技艺对于梅伦德斯都是信手拈来。他用熟练的古典创作技法描绘了在他妻子玛利亚·阿雷东达工作的厨房中创作了逼真的静物画。每一幅都有主题和情节，其中许多是关于食谱中的细节或是被描绘得惟妙惟肖的一餐中的各种食材，它们不再是她厨房桌上的一堆杂物。

我们对这位画家的妻子所知甚少，她也不曾出现在他的任何一幅厨房画作中，但我们感觉到了她的存在、她对锅碗瓢盆的暴躁对待：木桌边缘的划痕和缺口、破损的达拉维尔陶瓷，以及被当作罐子和碗的盖子的陶器碎片。这一切代表了一种混乱而严肃的美食观。

这些临时制作的盖子可以防止苍蝇和阻挡灰尘，但是梅伦德斯也用它们暗示

路易斯·梅伦德斯，《鲷鱼和橘子静物画》，1772年，布面油画。

了这只罐或锅里的内容。一个浅碟下的木勺意味着里面装着的内容需要搅拌，类似于西班牙凉菜汤，而一个小土陶碗暗示着需要用它来舀罐子中的酒。上等的葡萄酒要放在装满冰块的软木桶里，倒入水晶玻璃杯中饮用。黄铜制的杵和钵与大蒜、香料、苦橘和油放在一起，应该是用于研制某种酱料。还有一个碗、一个酒壶、一个装醋的壶、长柄煎锅，以及用于油炸的铜锅，所有这些都似乎属于某个忙碌的女人粗糙而混乱的厨房，而不是来自一位艺术家的道具柜。

在名为《鲷鱼和橘子静物画》的油画中，乍一看物品似乎是随机选择的，但两条即将烹饪的上好的红鲷鱼，与画面中的一只铁质煎锅相对应，它们将会在那里被烹饪。烹饪时会倒入一些圆锥形金属容器里的油，然后淋上用大蒜、苦橘汁和前景中小纸袋里的一些黑胡椒研磨的酱汁。和他的许多静物画一样，梅伦德斯以令人惊叹的严格的几何学构图精细地为他的客户描绘着他们熟悉的菜肴。这些呈现了著名的马德里美食的画作会被送往卡洛斯国王和他家人在乡下的庄园。卡洛斯一直对他那不勒斯王国统治者的身份十分满意，直到他兄弟的意外身亡将他拉回了西班牙严酷而干旱的首都。他对欧洲“乐趣之都”食物的怀念，被梅伦德斯所理解，他熟悉那不勒斯并以静物画画家的身份工作于此。这些“食谱”油画即刻便被卡洛斯和他的皇宫所喜爱和欣赏。

尽管食谱书也会告诉我们本书中讨论过的一些关于近代烹饪中的技法，但本书中收集和分析的图像依据可以为我们开启另一个维度的大门。在早期历史中寻找资料挑战更大，但我们也看到相关的考古学和人类学上的新发现与我们找到的文化或文明的视觉遗迹的结合，使这些曾被历史提及的物件鲜活了起来。对于威顿墓葬的富有想象力的重现，包括那些纺织品和装饰品还有那多汁的烤乳猪，以及近代的维京珠宝的展示，都让人怀疑他们的厨师是否也像制作饰品和胸针的手工艺人那样技术娴熟而富于经验。委罗内塞的贵族所穿戴的华丽的绫罗绸缎与斯卡皮复杂而精致的食谱相呼应。一本草药志或《健康手册》中的小细节让我们看到当时人们的日常生活——刺槐树下剔牙的人，或是在草堆上跳跃的兔子，还有纺织桌布背景上一只盘子上展示的施洗者约翰的头颅，都向我们展现出家政信息是如何隐藏在悲剧主题画作中的。一幅来自低地国家看似普通的静物画或风俗画能告诉我们许多关于当时的园艺信息，即使是那些（对我们来说）经常出现的烦琐的象征意义：各种胡萝卜、三种巨型的卷心菜、丰满的芦笋叶以及鲜嫩的豌豆。

本书意在让食物爱好者们一瞥艺术中的视觉乐趣，以及它带给我们的思考与现实。在浏览并欣赏完我们挑选出来的一些艺术作品，于作品中的细节与全局之中大饱眼福后，现在读者们可以去大胆地阅读相关的历史书籍，并尝试烹饪一些书中推荐给他们的食谱了。

参考书目节选

Danièle Alexandre-Bidon, *Une Archéologie du Goût, Céramique et Consommation* (Paris, 2005)

Giovanni Ballarini, *Storia Sociale del Maiale, il Futuro del Passato della Razza Suina Parmigiana* (Parma, 2002)

Donna R. Barnes and Peter G. Rose, *Matters of Taste: Food and Drink in Seventeenth-Century Dutch Art and Life* (Albany, NY, 2002)

Kenneth Bendiner, *Food in Painting, from the Renaissance to the Present* (London, 2004)

Claudio Benporat, *Storia della Gastronomia Italiana* (Milan, 1990)

——, *Cucina Italiana del Quattrocento* (Milan, 1996)

——, *Feste e Banchetti, Convivialità Italiana fra Tre e Quattrocento* (Milan, 2001)

Eric Birlouez, À la Table des Seigneurs, des Moines et des Paysans du Moyen Âge (Paris, 2009)

Nicole Blanc and Anne Nercessian, *La Cuisine Romaine Antique* (Grenoble, 1992)

Wilfrid Blunt and Sandra Raphael, *The Illustrated Herbal* (London, 1979) Phyllis Pray Bober, *Art, Culture and Cuisine: Ancient and Medieval Gastronomy* (Chicago and London, 1999)

Bonvesin de la Riva, trans. Giuseppe Pontiggia, *Le Meraviglie di Milano, De Magnalibus Mediolani* (Milan, 1974)

Jean Bottéro, *La plus vieille Cuisine du Monde* (Paris, 2002)

Michelle P. Brown, *The World of 'The Luttrell Psalter'* (London 2006)

Norman Bryson, *Looking at the Overlooked: Four Essays on Still Life Painting* (London,

1990) Giulia Caneva, *Il Mondo di Cerere nella Loggia di Psiche* (Rome, 1992) Giacomo Castelvetro, trans. Gillian Riley, *The Fruit, Herbs and Vegetables of* Italy (London, 1989)

Birgitta Castenfors, ed., ätbart, *Ögats och bordets fröjder* (Stockholm, 2000)

Görell Cavalli-Björkman and Bo Nilsson, *Still Leben* (Stockholm, 1995) Marco Chiarini, ed., *La Natura Morta a Palazzo e in Villa* (Livorno, 1998) Claire Clifton, *The Art of Food* (Secaucus, nj, 1988) Sophie D. Coe, *America's First Cuisines* (Austin, tx, 1994)

Luisa Cogliato Arano, *The Medieval Health Handbook, Tacuinum Sanitatis* (New York, 1976)

—— et al., *Di Sana Pianta, Erbari e Tacuini di Sanità* (Padua, 1988) Madeleine Pelner Cosman, *Fabulous Feasts: Medieval Cookery and Ceremony* (New York, 1976) Gregory Curtis, *The Cave Painters: Probing the Mysteries of the World's First Artists* (New York, 2006) Andrew Dalby, *Dangerous Tastes: The Story of Spices* (London, 2000) ——, *Food in the Ancient World, from A to Z* (London, 2003) ——, *Empire of Pleasures, Luxury and Indulgence in the Roman World* (London, 2000)

Das Hausbuch der Ceruti (Dortmund, 1979) Ivan Day, ed., *Eat, Drink and be Merry, the British at Table, 1600–2000* (London, 2000) Stefano De Caro, *Still Lifes from Pompeii* (Naples, 1999) June di Schino, ed., *I Fasti del Banchetto Barocco* (Rome, 2005) —— and Furio Luccichenti, *Il Cuoco Segreto dei Papi* (Rome 2007) *Gaston Fébus, Prince Soleil, 1331–1391*, Bibliothèque Nationale de France

Paris (Paris, 2009) I. L. Finkel and M. J. Seymour, eds, *Babylon: Myth and Reality* (London, 2009) Giovanna Giusti Galardi, *Dolci a Corte, depinti ed altro* (Florence, 2001) *I Mai Visti, Sorprese di Frutta e Fiori*, Galleria degli Uffizi, Florence

(Florence, 2002) Mina Gregori, *Natura Morta Italiana tra Cinquecento e Settecento*

(Munich, 2003) Christopher Grocock and Sally Grainger, *Apicius: A Critical Introduction*

(Totnes, 2006) Michèle-Caroline Heck, ed., *Sébastien Stoskopff, 1597–1657, un maître de la Nature Morte* (Paris, 1997) Mary Hollingsworth, *The Cardinal's Hat* (London, 2005) Christine E. Jackson, *Fish in Art* (London, 2012) *Joachim Beuckelaer, Het Markt- en Keukenstuk in de Nederlanden, 1550–1650*

(Gent, 1986) William B. Jordan and Peter Cherry, *Spanish Still Life from Velásquez to Goya* (London, 1995)

Cathy K. Kaufman, *Cooking in Ancient Civilizations* (London, 2006) Hannele Klemettilä, *The Medieval Kitchen* (London, 2012) Sylvia Landsberg, *The Medieval Garden* (London, 1995) Bruno Laurioux, *Manger au Moyen Âge* (Paris, 2002)

——, *Le Règne de Taillevent, livres et pratiques culinaires á la fin du Moyen Âge* (Paris, 1997)

——, *Le Moyen Âge à Table* (Paris, 1989)

——, *Gastronomie, Humanisme et Société à Rome au milieu du XV siècle, autour du 'De Honesta Voluptate' de Platina* (Florence, 2006)

——, *Une Histoire Culinaire du Moyen Âge* (Paris, 2005) David Ligare, *Offerings: A New History* (London, 2005)

Giancarlo Malacarne, *Sulla Mensa del Principe, Alimentazione e Banchetti alla corte dei Gonzaga* (Modena, 2000)

Lise Manniche, *An Ancient Egyptian Herbal* (London, 1989) Maria Luisa Migliari and Alida Azzola, *Storia della gastronomia* (Novara, 1978)

Richard Parkinson, *The Painted Tomb-Chapel of Nabamun* (London, 2008) Octavio Paz, *Sor Juana Inés de la Cruz o las Trampas de la Fe* (Barcelona, 1990)

Charles Perry, ed., *Medieval Arab Cookery* (Totnes, 2001)

Alfonso Méndez Plancarte, ed., *Obras completas de Sor Juana Inés de la Cruz* (Mexico City, 1951), 4 vols

Ruud Priem, ed., *Op Reis en aan Tafel met Katherina van Kleef, 1417–1476* (Nijmegen, 2009)

Julian Reade, *Mesopotamia* (London, 1991)

Gillian Riley, *Renaissance Recipes* (San Francisco, 1993)

——, *Dutch Treats* (San Francisco, 1994)

——, *A Feast for the Eyes* (London, 1997)

——, *The Oxford Companion to Italian Food* (New York, 2007)

Paul Roberts, *Life and Death in Pompeii and Herculaneum* (London, 2013)

—— and Vanessa Baldwin, *Art in Pompeii and Herculaneum* (London, 2013)

Evelyn Rossiter, *The Book of the Dead: Papyri of Ani, Hunifer, Anhaï* (Geneva, 1984)

Luigi Salerno, *Nuovi Studi su La Natura Morta Italiana* (Rome, 1989) John T. Spike, *Italian Still Life Painting from Three Centuries* (New York, 1983)

Vilhjalmur Stefansson, *Not by Bread Alone* (New York, 1946)

Pierre Tallet, *Historia de la Cocina Faraonica, la Alimentación en el Antiguo Egipto* (Barcelona, 2002)

Lucia Tongiorgi Tomasi and Gretchen A. Hirschauer, *The Flowering of Florence: Botanical Art for the Medici* (Washington, dc, 2002)

Richard W. Unger, *Beer in the Middle Ages and the Renaissance* (Philadelphia, 2004) John

Varriano, *Wine: A Cultural History* (London, 2010)

N.R.A. Vroom, *A Modest Message* (Schiedam, 1980)

Charles Wentinck, *Eten en Drinken in Beeld* (Amsterdam, 1979)

Kurt Wettengl, ed., *Georg Flegel, 1566–1638, Stilleben* (Stuttgart, 1993)

Johanna Maria van Winter, *Spices and Comfits: Collected Papers on Medieval Food* (Totnes, 2007)

Federico Zeri and Francesco Porzio, eds, *La Natura Morta in Italia* (Milan, 1989), 2 vols

致 谢

我想要感谢的人远比在这段简短篇幅中提及的人要多。食物历史学家和艺术史学家为本书提供了大量的信息，帮助我们进一步理解。许多学者为我们带来了新的见解与启发，其中也许对我们影响最深的是布鲁诺·劳西对于中世纪和文艺复兴时期美食的辛劳而敏锐的研究，以及伊万·德关于食物历史的既学术又实用的研究；克劳迪奥·本波拉特记录的意大利美食历史，求恩·迪·司奇诺发现的有关文艺复兴和巴洛克时期餐饮和庆祝活动的新鲜资料；安德鲁·多尔比将古代世界的食物和饮料融入了他们的文化语境中，萨利·格兰杰以她绝对的权威性烹饪和书写古典美食。我衷心地感谢雷艾克迅丛书的迈克尔·里曼和他的团队，他们耐心地贡献了他们的专业技能，使这本书成为现实。还有善良的朋友们多年来一直提供的支持，特别是詹姆斯·莫斯利，海伦·萨博丽和高利·奥康纳。

图片出处

（作者和出版社希望对以下图片资料和/或复制许可的来源表示感谢。一些艺术品的地址也包含在其中。）

Accademia della Crusca, Florence: p. 245; Aldrovandi Museum, University Library, Bologna: pp. 148, 195, 207; Art Gallery of South Australia, Adelaide: p. 291; from Basilius Besler, Hortus Eystettensis, sive diligens et accurata omnium plantarum, florum, stirpium, et variis orbis terrae partibus . . . (Nuremberg, 1613): pp. 188, 213; Biblioteca Apostolica Vaticana, Vatican City, Rome: p. 111; Biblioteca Casanatense, Rome: p. 190; Biblioteca Laurenziana, Florence: p. 176; Biblioteca Marciana, Venice: pp. 106, 185, 186; Biblioteca Modena, Estense: p. 122; Biblioteca Nazionale Centrale, Florence: pp. 104, 146; Biblioteca Statale, Lucca: p. 126; Biblioteca Universitaria di Bologna: p. 196; Bibliothèque de l'Arsenale, Paris: pp. 114, 115; Bibliothèque Municipale, Poitiers: p. 124; Bibliothèque Nationale de France, Paris: pp. 86, 96, 107, 140, 141, 142, 145, 171; Birmingham Museum and Art Gallery: p. 276; Bodleian Library, University of Oxford: pp. 67, 137, 152, 261; Bowes Museum, Barnard Castle, Co. Durham: p. 161; British Library, London: p. 101 (foot), 129, 150, 155, 159, 184; British Museum, London (photos © the Trustees of the British Museum): pp. 24, 28, 30, 32, 33, 40, 42, 43, 44, 58, 59, 92, 93, 94, 237, 260; photos © the Trustees of the British Museum, London: pp. 37, 280; Cairo Museum, Egypt: p. 49; Castello di Malpaga, Bergamo: p. 103; Centraal Museum, Utrecht: pp. 220, 229 (on loan from the Rijksdienst Beeldende Kunst); Christ Church Picture Gallery, Oxford: p. 282; photo Daderot: p. 20; Egyptian Museum, Berlin: p. 56; Eton College Library: p. 151; Galleria dell' Accademia, Venice: p. 295 (foot); Galleria della Collegiata, Empoli: p. 99; Galleria Colonna, Rome: p. 177; Galleria Doria Pamphili, Rome: p. 278; Galleria Palatina, Palazzo Pitti, Florence: pp. 199, 200, 201, 233,

235; Galleria degli Uffizi, Florence: pp. 164-165, 178, 197, 234, 290 (foot); Gemäldegalerie Alte Meister, Staatliche Kunstsammlungen, Dresden: p. 288; photo Greenshed: p. 90; Halls Croft, Stratford-upon-Avon: p. 300; J. Paul Getty Museum, Los Angeles: p. 224; J. Paul Getty Museum, Malibu, California: p. 147 (top half of work); photo Jastrow: p. 84; Koninklijk Kabinet van Schilderijen 'Mauritshuis', The Hague: p. 255 (foot); Kruisheren- klooster Monastery, Sint-Agatha, Netherlands: p. 102; Kunsthistorisches Museum, Vienna: pp. 180, 212, Metropolitan Museum of Art, New York: pp. 63, 228; Morgan Library and Museum, New York: pp. 117, 118, 119, 120; Musée Archéologique, El Djem, Tunisia: p. 75 (foot); Musée des Beaux-Arts Brussels: p. 273; Musée National de la Renaissance, Écouen, France: p. 268; Musée de la Ville, Strasbourg: p. 253; Musée du Louvre, Paris: pp. 11, 54, 62, 222, 265, 284, 292, 295 (top); Musée National du Moyen Age, Paris: p. 223; Musée du Petit Palais, Paris: p. 98; Museo Archeologico Nazionale di Napoli: pp. 60, 68, 69, 70, 72, 73, 75 (top), 79, 238; Museo Castello Sforzesco, Milan: p. 267; Museo Correr, Venice: p. 147 (bottom half of work); Museo de las Bellas Artes, Seville: p. 174; Museo del Prado, Madrid: pp. 105, 255 (top), 259, 266, 304; Museo Gregoriano Profano, Vatican City, Rome: p. 88; Museo Mandralisca, Cefalù, Sicily: p. 74; Museo Nacional de Historia, Castillo de Chapultepec, Mexico: p. 262; Museo Nazionale Romano, Rome: p. 66; Museo di Storia Naturale, University of Florence: pp. 202, 203 (top); Museu Diocesà i Comercal, Solsona, Catalunya: p. 243 (top); Museum of the Americas, Madrid: p. 263; Museum Boijmans- van Beunigen, Rotterdam: p. 241 (top); Museum of Cultures, Helsinki: p. 20; Museum De Lakenhal, Leiden: p. 287; National Gallery, London: pp. 100, 210, 216, 217, 225, 226, 231, 274, 286, 301; National Gallery of Scotland, Edinburgh: p. 275 (foot); National Library of Russia, Leningrad: p. 136; National Museum of Saudi Arabia, Riyadh: p. 64; Nationalmuseum, Stockholm: pp. 6, 241 (foot), 248, 294, 296, 297; Österreichische Nationalbibliothek, Vienna: pp. 85, 156, 162, 214, 257, 271 (top); Palazzo Bianco (Musei di Strada Nova), Genoa: p. 221; Palazzo Pitti, Florence: p. 230 (foot); Palazzo Pubblico, Siena: pp. 158, 160; Pinacoteca di Brera, Milan: pp. 205, 206, 279; Pinacoteca Nazionale, Siena: p. 121; private collections: pp. 154, 164, 227, 230 (top), 236, 243 (foot) 247, 249, 251, 254, 275 (top), 285, 290 (top), 298 (foot); Rijksmuseum, Amsterdam: pp. 135, 211, 246; Rijksmuseum Muiderslot, Netherlands: p. 209; photo Joris van Rooden: p. 77; from Marx Rumpolt, *Ein new Kochbuch, das ist ein Gründtliche Beschreibung* ... (Frankfurt, 1582): pp. 133, 134; Saint John's Hospital Museum, Bruges: p. 125; Sarah Campbell Blaffer Foundation, Houston, Texas: p. 298 (top); from Bartolomeo Scappi, *Opera di M. Bartolomeo Scappi, cuoco secreto di Papa Pio Quinto, divisa in sei libri ...* (Venice, 1570): pp. 101 (top), 131, 132, 221; Skoklosters Slott, Stockholm: p. 198; Slezké Muzeum, Opava, Czech Republic: p. 299; Staatsbibliothek zu Berlin: p. 116; Städelsches Kunstinstitut, Frankfurt: p. 250; Stadtbibliothek Nürnberg: p. 239; Still Life Museum, Villa Medicea, Poggio a Caiano, Florence: pp. 203 (foot), 204; photo Universal Images Group/Super Stock: p. 124; University of Uppsala Art Collections, Uppsala, Sweden: p. 281; Vatican Museums, Rome: p. 84; Wallace Collection, London: p. 219. Verity Cridland, the copyright holder of the image on p. 22, has published it online under conditions imposed by a Creative Commons Attribution 2.0 Generic license; Massimo Finizio, the copyright holder of the image on p. 72, has published it online under conditions imposed by a Creative Commons Attribution- Share Alike 2.0 Italy license; and Marie-Lan Nguyen, the copyright holder of the image on p. 63, has published it online under conditions imposed by a Creative Commons Attribution 2.5 Generic license. Readers are free: to share – to copy, distribute and transmit these images alone to remix – to adapt these images alone Under the following conditions: attribution – readers must attribute any image in the manner specified by the author or licensor (but not in any way that suggests that these parties endorse them or their use of the work).

译名对照表

Aberlemno, Scotland　阿伯莱姆诺
Aertsen, Pieter　彼得·埃特森
Akhenaten　阿肯那顿
Aldobrandino of Siena　锡耶纳的奥尔多布兰迪诺
Aldrovandi, Ulisse　乌利塞·阿尔德罗万迪
Altamira Cave, Cantabria　阿尔塔米拉洞穴
Altamiras, Juan　胡安·阿尔塔米拉
Amiczo, Chiquart　梅特·奇库阿特·阿米克左
Aneirin　阿内林
Antelami, Benedetto　贝内德托·安特拉米
Apicius　阿比修斯,《阿比修斯食谱》
apple　苹果
Apuleius Platonicus　阿普列尤斯·普拉托尼克斯
Archistratus　阿切斯特雅图
Arcimboldo, Giuseppe　朱塞佩·阿尔钦博托
artichoke　洋蓟
Ashurbanipal　亚述巴尼帕
asparagus　芦笋
Assyria　亚述
aubergine　茄子
auroch　原牛

bagel　百吉饼
banquet　宴会
Baschenis, Evaristo　埃瓦里斯托·巴斯赫尼斯
Bassano, Jacopo　雅各布·巴萨诺
Bassano, Leandro　莱昂德罗·巴萨诺
bath house　浴室
Beerblock, Jan　杨·比尔布洛克
beer　啤酒
Belli, Gioachino　吉奥奇诺·贝利
Bembo, Bonifacio　博尼法乔·本博
Benedictine diet　本笃会膳食
Bernard of Clairvaux　克莱尔沃的圣伯纳德

cormorant 鸬鹚

Cornaro, Luigi 路易吉・科尔纳罗

Couvin, Watriquet de 沃里奎特・德・库温

credenza 餐具柜

Crivelli, Carlo 卡洛・克里韦利

cucumber 黄瓜

Dalen, Cornelis van 科内利斯・范・达勒姆

Damian, Peter 彼得・达米安

De Verstandige Kock 《聪明的厨师》

deer 鹿

Desert Fathers, the 沙漠教父

Dioscorides 迪奥科里斯

duck 鸭

eggs 蛋

Ein new Kochbuch 《一本新食谱》

El Libro de Buen Amor 《真爱诗集》

Enkidu 恩奇都

Enlil 恩利尔

Eskimo 爱斯基摩人

Eurysaces 欧里萨切斯

Farnesina, Villa, near Rome 罗马附近的法尔内西纳庄园

fasting 禁食，斋戒

fat 脂肪

feast see banquet Fébus, Gaston 筵席，参见“加斯东・福波斯的盛宴”

Felici, Costanzo 科斯坦佐・费里奇

fig 无花果

fish mosaic 鱼类马赛克装饰画

fish sauce 鱼酱

Flegel, Georg 格奥尔格・弗莱格尔

fork 叉子

Frederick II Hohenstaufen 神圣罗马帝国皇帝腓特烈二世

Fuchs, Leonhardt 莱昂哈特・福斯

garlic 大蒜

garum 鱼露，参见“鱼酱”条目

Garzoni, Giovanna 乔凡娜・加尔佐尼

Ghirlandaio, Domenico 多梅尼科・基尔兰达约

Giardano, Luca 卢卡・焦尔达诺

Gododdin, Y 《高多汀》

gourd 葫芦

Goya, Francisco de 弗朗西斯科・德・戈雅

Grassi, Giovannino de' 乔凡尼诺・德・格拉斯

Grimani Breviary 《格里马尼祈祷书》

Griselda 格里塞尔达

Hainz, Georg 海因茨・格奥尔格

hare 野兔

Heem, Jan Davidsz. de 杨・戴维茨・德・西姆

Hell's Kitchen 地狱厨房

herbals 草药学

herbs 草本

herring 鲱鱼

Hiepes, Tomás 托马斯・喜佩斯

Hilarion 希拉里翁

Hildegard of Bingen 宾根的希德嘉

Hooch, Pieter de 彼得・德・霍赫

Morando, Paolo　保罗・莫兰多
moretum　莫雷图姆酱
Munari, Cristoforo　克里斯托福罗・穆纳里
murrì　“穆里”，中世纪阿拉伯调味料
Murillo, Bartolomé Esteban　巴托洛梅・艾斯特班・牟利罗
mussels　贻贝

nam pla　鱼酱
Nanna’s hymn　娜娜的颂歌
napkin　餐巾
Nebamun　内巴蒙
Neolithic age　新石器时代
Ninkasi (beer goddess)　宁卡西（啤酒女神）
Nuttall Codex　《努塔尔法典》

Óbidos, Josefa de　约瑟法・德・奥比多斯
offal　内脏
orange　橘子
Ostade, Adrien van　阿德里安・范・奥斯特德

pala　典礼用的铲子
Pangur Bán　《潘谷尔・班》
Parma, Baptistry　帕尔马洗礼堂
pasta　意大利面
pastry　糕点
peacock　孔雀
pear　梨
Peeters, Clara　克莱拉・佩特斯
pesto　香蒜酱
Petronilla　彼得罗妮拉
pheasant　野鸡
Philostratus　斐洛斯特拉图斯
Pictish carved stone, Aberlemno　皮克特族石雕画，阿伯莱姆诺
pie　馅饼
pig　猪
pigeon　鸽子
Pinelli, Bartolomeo　巴托洛米欧・普涅利
Platina, Bartolomeo　巴托洛米欧・普拉提纳
pomegranate　石榴
Pompeii　庞贝古城/庞贝遗址
House of the Faun　弗恩之屋
Pontormo, Jacopo　雅格布・蓬托尔莫
pulses　豆类
pumpkin see squash　南瓜，参见“美洲南瓜”条目

quince　榅桲

rabbit　兔子
Radegund　勒德功
Realfonso, Tommaso　托马佐・芮芳索
Recco, Giuseppe　朱塞佩・雷科
rezdora　女当家人
ribollita　意式杂蔬汤
Rinio, Benedetto　贝内代托・瑞尼欧
roasts and spits　烤肉与烤叉
great roasts　烤肉大餐
in hunts　狩猎
Rudolph II　神圣罗马帝国皇帝/奥地利大公鲁道夫二世

址中的波培娅庄园

Villa Tor Marancia, near Rome　罗马附近的托尔・马兰西亚庄园

Visconti Book of Hours《维斯康蒂时祷书》

Visconti, Gian Galeazzo　吉安・格雷左・维斯康蒂

Vos, Cornelis de　科内利斯・德・沃斯

Wechelin, Jan van　扬・范・维切林

Weiditz, Hans　汉斯・维迪兹

Wetwang　威顿

wicker-work stand, ancient Egyptian　盛放祭品的藤条架子

wine　葡萄酒

　in ancient Egypt　在古埃及时代

　in ancient Greece　在古希腊时代

　at banquets　在宴会上

　in Rome　在罗马时代

Wttewael, Joachim Antonisz　约阿希姆・安东尼则・特维尔

xenia　宴客图

Zurbarán, Francisco de　弗朗西斯科・德・苏巴朗

图书在版编目（CIP）数据

不散的筵席：艺术中的饮食文化史 /（英）吉莉安·莱利著；向垚译. — 北京：商务印书馆，2021
ISBN 978 - 7 - 100 - 20526 - 9

Ⅰ. ①不… Ⅱ. ①吉… ②向… Ⅲ. ①饮食 — 文化史 — 世界 Ⅳ. ① TS971.201

中国版本图书馆 CIP 数据核字（2021）第246190号

不 散 的 筵 席
艺术中的饮食文化史
〔英〕吉莉安·莱利 著
向 垚 译

商 务 印 书 馆 出 版
（北京王府井大街36号 邮政编码 100710）
商 务 印 书 馆 发 行
北京天恒嘉业印刷有限公司印刷
ISBN 978 - 7 - 100 - 20526 - 9

2022年2月第1版 开本 787×1092 1/32
2022年2月第1次印刷 印张 20

定价：98.00元